La matemática en sus personajes
Colección dirigida por Antonio Pérez Sanz

Lagrange

La elegancia matemática

1ª edición: abril de 2003

Imagen de cubierta: Detalle del proyecto de mausoleo para Federico *el grande* de F. D. Gilly.
Composición de cubierta: LIBRO de ARENA

Apartado de Correos 113. 28760 Tres Cantos
Tel.: 91 804 58 17. Fax: 91 804 93 17
www.nivola.com
correo electrónico: nivola@nivola.com

ISBN: 84-95599-59-7
Depósito legal: M - 22.977-2003
Impreso en España

Lagrange

La elegancia matemática

Venancio Pardo Rego

14

La matemática en
sus personajes

nivola
LIBROS
EDICIONES

Índice

A mi mujer, Isabel
y a Isabel, mi hija

1 El legado de Newton

Cuando nace Lagrange en 1736, el mundo de las matemáticas se encuentra todavía conmovido por los extraordinarios logros científicos del gran Isaac Newton (1642-1727). Su magna obra *Philosophiae naturalis principia mathematica* (Principios matemáticos de filosofía natural) –en adelante los *Principia*–, publicada en 1687, será referente obligado, no sólo para los discípulos directos de Newton, sino también para todos los demás matemáticos del siglo XVIII, y entre ellos Lagrange. Muchos años más tarde y refiriéndose a la importancia de la obra de Newton, Lagrange escribiría:

> *"Newton fue seguramente el hombre de genio por excelencia, pero debemos reconocer que fue también el más afortunado: sólo una vez puede quedar establecido el sistema del mundo".*

En el año del nacimiento de Lagrange, todavía son perceptibles los ecos de una de las polémicas más agrias y desdichadas de la historia de la ciencia. Como es bien sabido, hacia 1695 comenzó una sorda rivalidad entre Newton y el filósofo y matemático alemán Gottfried Wilhelm Leibniz (1646-1716), basada en los derechos de prioridad en el descubrimiento del cálculo infinitesimal. Esta rivalidad se transformó, hacia 1699, en abierta hostilidad entre los dos grandes pensadores.

Aunque no es propósito de estas líneas analizar los pormenores de la mencionada controversia, es necesario señalar alguno de sus aspectos por la importancia que tuvieron en el futuro desarrollo de las matemáticas durante el siglo XVIII.

En efecto, en los primeros años de ese siglo y a raíz de la publicación de la obra de Newton *Opticks* (1704, *Óptica*), aparece una dura y anónima crítica a su obra *Methodus fluxionum et serierum infinitorum* (Método de fluxiones y de las series infinitas) en la revista *Acta Eruditorum*, editada en Leipzig, y en la que publicaban habitualmente Leibniz y los hermanos Jakob Bernoulli (1654-1705) y Johann Bernoulli (1667-1748). Detrás de tan dura crítica, muchos quisieron ver la mano de Johann Bernoulli, cuya antipatía hacia Newton era tan conocida como injustificada; de hecho estaba considerado como el más obstinado de los defensores de la causa de Leibniz.

Isaac Newton (1642-1727). Retrato pintado en 1689 por Godfrey Kneller.

Como consecuencia de la citada crítica, el debate se abrió con inusitada agresividad y los matemáticos de entonces se dividieron en dos grupos bien diferenciados: por un lado los matemáticos británicos, amigos y discípulos de Newton que apoyan a éste, y por otro los matemáticos del continente europeo –con los hermanos Bernoulli a la cabeza– que defienden los derechos de Leibniz. Se generó así entre los dos grupos una fuerte animadversión que duraría largos años, en el transcurso de los cuales iba a cesar por completo el intercambio de conocimientos entre los matemáticos de las islas y los del continente.

Si bien Newton salió personalmente triunfante de su enfrentamiento con Leibniz, no ocurrió lo mismo con la matemática británica. Los discípulos de Newton, influidos por la poderosa personalidad de éste, y prisioneros del célebre exclusivismo inglés, siguieron utilizando en su trabajo matemático métodos exclusivamente geométricos (es conocida la admiración de Newton por los geómetras griegos, sobre todo por Arquímedes), sin querer ver la superior eficacia de los nuevos métodos analíticos utilizados por Leibniz.

Por el contrario, los matemáticos del continente europeo dan muestras de una mayor flexibilidad mental y no dudan en desarrollar y completar la obra de Newton, pero siguiendo el método analítico de Leibniz, pues no hay que olvidar que éste fue uno de los mayores inventores de lenguaje matemático de la historia; sólo Euler le superó en ese terreno.

Las consecuencias de estas posturas tan distintas no tardaron en llegar. Poco a poco la matemática británica se fue quedando rezagada con respecto a la del continente.

No obstante, es de justicia señalar que durante la primera mitad del siglo XVIII, los británicos

G. W. Leibniz (1646-1716).

cuentan con hombres tan ilustres como Abraham de Moivre (1667-1754) -nacido en Francia-, Roger Cotes (1682-1716) y James Stirling (1692-1770), los tres amigos de Newton, a los que hay que añadir a Colin Maclaurin (1698-1746), el más brillante de sus discípulos.

La obra de Maclaurin *Treatise of Fluxions* (Tratado de Fluxiones), publicada en 1742, marca la cima de la matemática inglesa en el terreno de la utilización precisa y exclusiva del estilo geométrico.

Maclaurin muere en 1746 y dos años más tarde, en 1748, muere Johann Bernoulli, ambos eran los últimos discípulos directos de Newton y Leibniz, respectivamente.

A partir de estas fechas, la matemática de las Islas entra en una etapa de decadencia que durará casi un siglo, mientras que la matemática de Europa continental recibe por esas mismas fechas un impulso arrollador por obra y gracia de uno de los más grandes genios matemáticos de todos los tiempos, nos referimos a Leonhard Euler (1707-1783).

Además de Euler, es necesario mencionar los nombres de un puñado de grandes matemáticos cuyas aportaciones científicas fueron de gran importancia, tanto para el siglo XVIII como para el posterior desarrollo de las matemáticas. Estos son sus nombres: Daniel Bernoulli (1700-1782), Alexis-Claude Clairaut (1713-1765), Jean Le Rond D'Alembert (1717-1783), Joseph-Louis Lagrange (1736-1813), Gaspard Monge (1746-1818), Pierre-Simón de Laplace (1749-1827), Adrien-Marie Legendre (1752-1833) y Lazare Carnot (1753-1823), entre otros.

Si se compara el trabajo matemático realizado en el siglo XVIII con el exiguo número de hombres que lo realizaron puede afirmarse, con absoluta rotundidad, que la productividad alcanzada fue superior a la de cualquier otro siglo y por ello a esta época se la considera la *época heroica* de las matemáticas.

En efecto, el álgebra y la geometría analítica se ampliaron de manera notable, se sentaron las bases de la geometría descripti-

Euler

Discípulo de Johann Bernoulli nacido en Basilea (Suiza), dotado de una intuición y una capacidad de cálculo jamás superadas, Euler va a enriquecer casi todas las ramas de las matemáticas con una lista interminable de descubrimientos originales. Su obra, probablemente la más prolífica de todos los tiempos, está repleta de ideas, fórmulas, ecuaciones, teoremas, números, integrales,... tanto en las matemáticas llamadas puras como en las aplicadas.

Euler

Euler, que además de poseer ese raro don del genio matemático, era dueño también de ese otro escaso privilegio de reconocer el talento de los demás, será estímulo y guía permanente para dos generaciones de grandes matemáticos que son los que van a terminar el edificio ideado por Newton, y además aportarán a las matemáticas ideas y métodos que las acercarán de manera extraordinaria a como hoy las conocemos: "Leed a Euler, leed a Euler, él es el maestro de todos nosotros", solía decir Laplace a sus discípulos.

Dentro del siglo XVIII, sólo la obra de Lagrange, aunque menos extensa que la de Euler, se le puede comparar en variedad y en importancia.

Más información en el libro *Euler. El maestro de todos los matemáticos* de William Dunham, en esta misma colección.

va y de la geometría diferencial, se dio nuevo brillo a la teoría de números que permanecía un tanto relegada desde los tiempos dorados de Pierre de Fermat (1601-1665) y comenzó a desarrollarse el cálculo de probabilidades que pronto se convertiría en una nueva disciplina matemática.

Pero fue el análisis la disciplina reina durante el siglo XVIII. Aunque hoy en día consta de ramas nuevas que eran desconocidas en el XVIII, las que se conocían o se construyeron en esa época lograron un desarrollo extraordinario: el cálculo diferencial e integral, la teoría de las series de potencias y de las series trigonométricas, el cálculo de variaciones, la teoría de ecuaciones diferenciales, etc.

Además de los grandes logros obtenidos en las citadas disciplinas, encuadradas dentro de las denominadas matemáticas puras, fue tal la energía y el coraje desplegados por este pequeño número de matemáticos que acometieron y lograron culminar con éxito un enorme número de trabajos de las disciplinas que se consideraban dentro de las matemáticas aplicadas o *útiles* como astronomía, mecánica (y dentro de ella la estática, la dinámica, la hidrostática, la hidrodinámica,...), mecánica celeste, náutica, óptica, geodesia, etc.

A todo esto, hay que añadir un sin fin de trabajos realizados en campos claramente encuadrados dentro de las ingenierías civil y militar como, por ejemplo, la minería, excavaciones, construcciones navales, artillería, canales, puertos, fortificaciones... Para aquellos lectores que se sorprendan viendo a grandes matemáticos desempeñando tareas que pertenecen al ámbito militar, les diremos que algunos de ellos fueron profesores de escuelas militares como Monge o Lagrange y otros, como Laplace y Legendre, fueron examinadores de las citadas escuelas e incluso Monge y Carnot tuvieron las más altas responsabilidades en la organización de la marina y el ejército franceses. Un aspirante a teniente de artillería, de nombre Napoleone Buonaparte, fue examinado por Laplace sobre los conocimientos adquiridos en manuales escritos por Euler y Monge.

Ahora bien, un trabajo de las dimensiones y de la importancia del que se ha reseñado, requiere unas condiciones sociales y políticas adecuadas para poder desarrollarse.

Conviene señalar primeramente, dos circunstancias que contribuyeron de manera favorable al desarrollo de las matemáticas en el siglo XVIII:

• La herencia recibida de Newton por los matemáticos del XVIII no sólo constaba de sus trascendentales aportaciones científicas, sino también de unos dividendos sociales en forma de fama y gloria, nada desdeñables. De hecho, la fama de Newton traspasó los muros del reducido mundo científico llegando a ser un hombre popular, admirado y respetado tanto por el poder político como por el pueblo. Su funeral había sido más propio de un príncipe o de un hombre de estado que de un científico.

• La otra circunstancia es de carácter más general: estamos en el Siglo de las Luces. Es decir, el marco general en el que se desarrolla el pensamiento científico del XVIII es el del movimiento cultural europeo conocido con el nombre de la Ilustración .

Este movimiento, que aparece a principios del XVIII y que desemboca en la Revolución Francesa de 1789, tiene como antecedente lejano al Renacimiento, y como antecedentes próximos las corrientes racionalista y empirista del siglo XVII (Galileo, Bacon, Descartes, Hobbes, Locke, Leibniz, Newton, Spinoza, etc...).

Aunque algunos rasgos característicos de este movimiento cultural aparecen inicialmente en Inglaterra, es en Francia donde se asienta, se fortalece y adquiere su cuerpo ideológico, el enciclopedismo, de la mano de importantes personalidades como Voltaire, Montesquieu, Rousseau, Buffon, Diderot, D'Alembert, etc...

Desde Francia, las nuevas ideas de la Ilustración se difunden por todas las naciones europeas e incluso por las colonias ame-

La Ilustración

En el aspecto filosófico, la Ilustración abandona el sistema metafísico como forma de conocimiento y adopta el método analítico e inductivo con el fin de conjugar lo racional y lo positivo. Se utiliza la razón como un instrumento seguro de búsqueda, cuya fuerza reside más en la capacidad de adquirir conocimientos que en poseerlos, de manera que la conclusión inmediata es la relativa validez de los principios, los cuales son utilizados más como fuerzas actuantes (imperativos) que como resultados.

Como consecuencia de lo anterior se rechaza la trascendencia y las formas religiosas tradicionales, así como cualquier elemento de superstición, misterio o milagro.

Más allá del frío racionalismo, el hombre ilustrado admite que la sensibilidad, sobre todo si está guiada por la experiencia, es un complemento potenciador de la razón, "a medida que el espíritu adquiere más luces, el corazón adquiere más sensibilidad" se puede leer en la Enciclopedia. Así pues, razón y sensibilidad son los dos pilares que sustentan la creencia en la posibilidad de perfección del hombre lo cual dará un sentido nuevo a la educación (Rousseau, Pestalozzi, Condorcet).

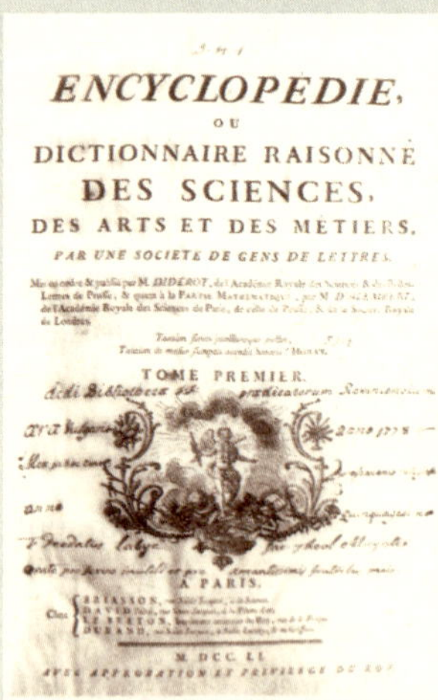
ENCYCLOPEDIE,
OU
DICTIONNAIRE RAISONNÉ
DES SCIENCES,
DES ARTS ET DES METIERS,
PAR UNE SOCIETE DE GENS DE LETTRES.
TOME PREMIER.
A PARIS,
M. DCC. LI.
AVEC APPROBATION ET PRIVILEGE DU ROY.

Portada del primer tomo de la *Enciclopedia*.

Finalmente, la moral de la ilustración se basa en la

bondad natural del hombre, la obediencia a las leyes de la naturaleza y en la creencia de que el instinto del hombre le impulsa a la felicidad.

En definitiva, se trata de un sistema filosófico optimista y centrado en el hombre, convencido de que éste puede lograr la felicidad en la Tierra .

En el aspecto social, la Ilustración se inscribe fundamentalmente en el ámbito de la ascendente burguesía, aunque no de manera exclusiva. Sectores del bajo clero, de la nobleza y altos funcionarios del aparato del estado, apoyaron en mayor o menor medida el movimiento ilustrado.

La difusión de las ideas de este movimiento se llevó a cabo por los más diversos medios, desde las academias y las sociedades de pensamiento –como la Sociedad de Amigos del País, en España–, hasta los salones literarios, pasando por las sociedades secretas como la masonería.

Además, la progresiva independencia económica de los profesionales de las ciencia y las letras dio mayor autonomía a su pensamiento, antes limitado por la situación de mecenazgo. Sus obras tuvieron amplia difusión, tanto en la prensa de la época como en ediciones de alcance internacional.

Algunas cuestiones económicas y sociales dieron lugar a la aparición de distintas tendencias, que generaron largas y agrias polémicas entre los ilustrados. Cuestiones como las fuentes de riqueza y el derecho de propiedad –sobre todo está última– llegaron a generar una permanente enemistad entre Diderot y Rousseau.

A pesar de ello, se mantuvieron unidos en su lucha en torno a una línea maestra común: rechazo frontal a las estructuras políticas y sociales tradicionales, al uso irracional del

>>

principio de autoridad y la defensa entusiasta de la confianza en el progreso del hombre a través de la razón. Otros rasgos distintivos de esa línea maestra común son: la defensa del individuo, la tolerancia, la libertad y un cierto igualitarismo formal.

Por último, el pensamiento político ilustrado pretende implantar un régimen político constitucional y democrático basado en las ideas de Montesquieu (constitución y división de poderes como sistema de equilibrio dinámico del estado) y de Rousseau (igualdad civil y social). Se parte del derecho natural que considera las leyes como "relaciones necesarias que derivan de la naturaleza de las cosas" (Montesquieu).

Como consecuencia nace la teoría del soberano subordinado a la nación, de manera que los súbditos se convierten en ciudadanos.

El poderoso influjo ejercido por estas doctrinas en las distintas cortes europeas dio lugar a un nuevo sistema político, típico del siglo XVIII, denominado despotismo ilustrado.

Con arreglo a este nuevo sistema, los monarcas continuaron siendo reyes absolutos, pero impulsaron reformas con el fin de procurar el beneficio del pueblo, elevando su condición social, cultural y económica mediante el fomento del trabajo y el desarrollo de todas las posibles fuentes de riqueza.

Estas reformas positivas se realizaron desde arriba, sin la participación del pueblo; política ésta que se ha sintetizado con la fórmula: "todo para el pueblo, pero sin el pueblo".

Los cambios en las ideas habidos en el XVIII afectaron también al campo económico. Los ilustrados sometieron a una severa crítica el modelo proteccionista imperante a fina-

les del siglo anterior y desarrollado en Francia por Colbert (ministro de Luis XIV), proponiendo la libertad de producción industrial y del comercio, que se vio beneficiado por grandes viajes de carácter científico efectuados por Cook, La Perouse, etc, viajes que fueron posibles por los extraordinarios avances en la construcción naval y en los instrumentos de navegación.

En Francia, aparecieron dos escuelas económicas bien diferenciadas: la fisiócrata, que consideraba la tierra como principal fuente de riqueza y la plutócrata que defendía como fuentes principales de riqueza la industria y el comercio.

A pesar de su diferencia, ambas escuelas propugnaban un régimen de libre circulación, sin trabas arancelarias ni aduaneras.

En todo caso, fue el escocés Adam Smith quién expuso de manera más completa y sistemática las nuevas doctrinas económicas del XVIII, considerando el trabajo humano, en cualquiera de sus manifestaciones, como la verdadera fuente de toda riqueza.

Nadie como D'Alembert, uno de sus principales representantes, para resumir la originalidad y la extensión del movimiento ilustrado:

"...lo discutió, analizó y agitó todo, desde las ciencias profanas a los fundamentos de la revelación, desde la metafísica a las materias del gusto, desde la música hasta la moral, desde las disputas escolásticas de los teólogos hasta los objetos del comercio, desde los derechos de los príncipes a los de los pueblos, desde la ley natural hasta las leyes arbitrarias de las naciones, en una palabra, desde las cuestiones que más nos atañen a las que nos interesan más débilmente..."

Tabla con distribución genealógica de las principales artes y ciencias realizada en base al sistema de conocimientos humanos del *Discurso preliminar de la Enciclopedia*.
Fue realizada en esta forma por C.F.W. Roth en Weimar (Alemania) en 1769 y mide completa 98,5 × 63,5 cm. En la imagen aparece el apartado dedicado a las matemáticas.

Arithmétique Numerique ou par Chiffres.
La Géométrie Elémentaire,
La Géométrie Transcendente.
La Géométrie,
Est la science des proprietés, de l'etendue en tant qu'on la considere comme simplement étendue et figurée.
La Statique proprement dite.
Hydro-statique,
La Statique,
La Dynamique proprement dite.
La Dynamique,
La Chronologie,
La Gnomonique
Astronomie Géométrique,
Optique.
Optique Proprement dite.

ricanas, logrando mayor o menor arraigo según el desarrollo cultural y socio-político en que se halle el país en cuestión.

En España, por ejemplo, el enorme peso del pensamiento teológico tradicional junto a la profunda decadencia en que se encuentra nuestro país, son obstáculos iniciales a la penetración de las nuevas ideas, aunque no pueden impedir la aparición de un selecto grupo de ilustrados como Azara, Cadalso, Feijoo, Jovellanos, Jorge Juan, Meléndez Valdés, Olavide, etc, apoyados por algunas individualidades de la nobleza cortesana y algunos ministros del gobierno de Carlos III, como Aranda, Campomanes, Esquilache y Floridablanca.

A la cabeza de los estados más poderosos de Europa, se encuentran monarcas ilustrados que rivalizan entre sí con el fin de poder contar, en sus cortes respectivas, con las mejores cabezas de su tiempo.

Federico II el Grande de Prusia, Catalina la Grande de Rusia, los Borbones de Francia y España, y José II de Austria consideraban como una señal inequívoca de su prestigio y de su poder, el disponer en su corte de los más grandes artistas, filósofos y científicos de la época, entre los que casi siempre solía haber un matemático de renombre.

Como consecuencia de estas circunstancias, los sucesores de Newton vieron su propio genio reconocido, en la mayoría de los casos en plena juventud, de manera que sus servicios fueron requeridos por los monarcas ilustrados que les solían consultar sobre la resolución de diversos problemas relacionados con intereses concretos del estado.

Los grandes matemáticos del siglo XVIII contaron con la confianza y la protección de los reyes más poderosos de su época, si bien ninguno de éstos llegó al grado de devoción que Napoleón I dispensó a los matemáticos: cinco de los grandes matemáticos franceses formaron parte de la nobleza del imperio napoleónico.

La labor investigadora de los matemáticos de siglo XVIII, se desarrolla fundamentalmente en el ámbito de academias de ciencias como la Royal Society y las Academias de París, Berlín y San Petersburgo.

Las academias ayudan económicamente a los matemáticos y éstos publican sus trabajos científicos en revistas especializadas que se sostienen con fondos provenientes del estado, en la mayoría de los casos.

Con el fin de enriquecer la vida científica y de potenciar la formación de los jóvenes matemáticos, las Academias convocan con cierta frecuencia concursos para la resolución de importantes problemas físicos y matemáticos. Daniel Bernoulli llegó a obtener hasta diez premios de la Academia de Ciencias de París y Lagrange lo logró en cinco ocasiones.

La práctica totalidad de los matemáticos de relieve pudieron dedicarse a la investigación matemática de manera profesional, sin apenas obligaciones docentes, con la única salvedad de los matemáticos franceses, quienes impartieron clase de manera habitual tras la creación de las grandes escuelas de ingenieros durante la última etapa de la Revolución Francesa.

La extensión de la enseñanza de las matemáticas en el XVIII, trajo consigo el aumento de la demanda de obras didácticas dirigidas a lectores poco versados en dicha disciplina y, consecuentemente, la publicación de un buen número de manuales. Algunos de ellos fueron escritos por sabios de la talla de Clairaut, Maclaurin o el mismísimo Euler.

Como consecuencia de ello, las matemáticas se difundieron en capas sociales cada vez más amplias, de manera que los grandes matemáticos aumentaron su popularidad tanto dentro de la nobleza como de la floreciente, y cada vez más poderosa, burguesía.

Al final de su vida, Daniel Bernoulli solía contar una anécdota, de la que aseguraba que era cierta, que ilustra sobre la relativa popularidad alcanzada por los sucesores de Newton: en uno de sus últimos viajes tuvo como compañero a un simpático muchacho; cuando Bernoulli se presentó a su joven compañero con un "Yo soy Daniel Bernoulli", éste le contestó con una sonrisa burlona "Y yo Isaac Newton". Bernoulli, galardonado en tantas ocasiones, afirmaba que estas palabras de su joven acompañante le parecían el mayor premio recibido por sus grandes logros científicos.

Dentro de las condiciones sociales y políticas en que se desarrolla el trabajo científico durante el siglo XVIII, hay un aspecto que merece ser señalado: se trata de la relación entre ciencia y religión.

Los matemáticos del siglo XVII, con Newton a la cabeza, y los de los siglos anteriores, tenían a sus profundas convicciones religiosas como principal fuente motivadora de su trabajo científico. El propio Newton reconoció que lo más importante de sus esfuerzos científicos, consistía en estudiar la obra de dios y apoyar así la religión revelada. De hecho, muchos pasajes de los *Principia* están dedicados a exaltar la obra creadora de dios. Ahora bien, era tal el fervor religioso en su época, que cuando Newton utilizó el símil de un relojero vigilando un reloj en reparación, para explicar el papel que dios jugaba en el mundo por él descubierto, Leibniz aprovechó este motivo para asegurar que Newton concebía un mundo funcionando de acuerdo a un plan que no requería la existencia de dios, y por ello tachó a los *Principia* de libro anticristiano.

Daniel Bernoulli

A medida que fue avanzando el siglo XVIII y fueron penetrando las ideas de la Ilustración, la motivación religiosa como inspiradora del trabajo científico fue perdiendo fuerza; a este hecho contribuyó en gran medida la coincidencia entre las predicciones de las leyes matemáticas recientemente descubiertas, y las observaciones de los fenómenos naturales. A mediados del siglo XVIII, el geómetra y físico francés Pierre de Maupertuis (1698-1759), fervoroso creyente, trató de encontrar un principio universal al que se pudieran subordinar todas las leyes de la física y basar en tal principio una demostración de la existencia de dios. Maupertuis creyó haber encontrado ese principio universal en el llamado *principio de mínima acción*, según el cual todos los fenómenos que ocurren en el Universo, acontecen de tal modo que la cantidad de acción necesaria para ello sea la mínima posible. Detrás de esta economía de medios que gobernaría el acontecer de los fenómenos físicos estaría, según Maupertuis, la mano del ser supremo.

La inmensa mayoría de los científicos de la época, Lagrange entre ellos, negó de manera radical cualquier implicación metafísica en el principio de mínima acción. Hubo una gloriosa excepción, Euler. Debido a sus profundas creencias religiosas, éste tomó parte en la controversia que se había suscitado del lado de Maupertuis, anteponiendo la necesidad de la existencia de dios a cualquier otra consideración, por más racional que fuera.

Su postura, que llegó a irritar a sus amigos Lagrange y D'Alembert, produce ternura, máxime si se tiene en cuenta que el propio Euler había estudiado de manera matemática fenómenos de naturaleza física o geométrica relacionados con el principio de mínima acción en su importante trabajo *Methodus inveniandi lineas curvas maximi minimive propietates gaudentes* (1744, Método para encontrar líneas curvas que gozan de propiedades de máximo y mínimo) –primer estudio general con contenido específico de cálculo de variaciones– en el que no menciona para nada la necesidad de ninguna intervención *metafísica*.

Voltaire escribió un poema satírico sobre la cuestión en el que ridiculizaba al Dr. Akakia (Maupertuis) por su errónea postura filosófica, poema en el cual Euler tampoco se libró del sarcasmo. Euler y Voltaire jamás se tuvieron simpatía.

En la segunda mitad del siglo XVIII, la preocupación por obtener resultados físicos correctos a partir de las leyes matemáticas del Universo así como la confianza en dichas leyes, propicia el que poco a poco vaya decayendo el interés por el papel que le corresponde a la providencia en el mundo revelado por Newton.

Hacia finales de siglo, existe un generalizado desdén frente a cualquier tipo de implicación *metafísica* en los fenómenos naturales, hasta el punto de que la propia palabra metafísica se suele utilizar de forma despectiva para calificar aquellos trabajos o teorías elaboradas por un matemático que resultaban difíciles de entender a alguno de sus colegas.

Hay una historia bien conocida que nos ilustra acerca de la esencial contribución de los matemáticos del XVIII, a una visión ilustrada del mundo desde la óptica del determinismo mecanicista: cuando a principios del siglo XIX, Laplace entrega un ejemplar del primer tomo de su *Mecánica celeste* a Napoleón, éste le preguntó: *"M. Laplace, me dicen que habéis escrito este extenso volumen sobre el sistema del Universo sin haber mencionado a su Creador"*. A lo que Laplace contestó: *"No he tenido necesidad de esa hipótesis, Sire"*.

No obstante, cuando el escéptico Lagrange conoció esta conversación dicen que comentó:

"En todo caso, no deja de ser una bella hipótesis".

Las matemáticas del XVIII

Un primer aspecto que se debe consignar es el hecho de que en el siglo XVIII, más que en ningún otro, el trabajo matemático estuvo directamente inspirado por la resolución de los problemas planteados por la física. En líneas generales, se puede afirmar que el principal objetivo de las matemáticas no son las matemáticas en sí mismas, sino el de servir de herramienta de la física, sobre todo en las ramas más importantes de ésta como la mecánica y la mecánica celeste.

La mayor parte de los matemáticos del XVIII, con Clairaut, D'Alembert y Laplace a la cabeza, compartían esta opinión.

Era tal la obsesión en la resolución de los problemas planteados por la mecánica, que tanto D'Alembert, en la *Enciclopedia,* como Diderot, en su obra *Pensées sur l'interprétation de la nature* (Reflexiones sobre la interpretación de la naturaleza), sostienen que, con el cambio de siglo, se ha producido una verdadera revolución en lo que a la matemática se refiere: se ha sustituido la matemática del siglo XVII por la mecánica del XVIII; de hecho pensaban que la obra de Descartes, Fermat, Pascal e incluso la de Newton, era cosa del pasado, salvo en lo que a mecánica se refiere.

Sin embargo, la opinión de Euler y Lagrange era completamente distinta. Estos matemáticos, los más grandes de todos los del XVIII, pensaban que el programa inicial de Newton, consistente en expresar los principios físicos por medio de ecuaciones matemáticas, se había desarrollado de tal modo que se habían podido deducir nuevas propiedades físicas a partir de razonamientos matemáticos, de tal suerte que era la física la que se estaba haciendo cada vez más matemática, sobre todo en aquellas ramas en las cuales los principios físicos fundamentales se comprendían perfectamente.

En particular, Lagrange dejó escrito que

> *"aquellos que aman el Análisis tienen que sentirse satisfechos por el hecho de que la Mecánica se haya convertido en una rama de aquél".*

La paulatina inclusión de nuevas ramas de la física dentro del marco general de las matemáticas, condujo a la aparición de una nueva disciplina, la física matemática, corroborando lo acertado de la posición de Euler y Lagrange.

El segundo aspecto a tener en cuenta es el aspecto técnico-formal de las matemáticas del XVIII.

Como se ha dicho, la tarea primordial de los matemáticos de ese siglo fue la de extender y aplicar los descubrimientos de Newton; el instrumento utilizado para ello fue el cálculo diferencial e integral que se convierte, de hecho, en la principal herramienta para el desarrollo de las matemáticas del XVIII.

En efecto, una vez definidas las reglas operativas del cálculo, desarrollan de manera extraordinaria sus técnicas, valiéndose del abundante simbolismo formal introducido por Leibniz y Euler, fundamentalmente. La cantidad de fórmulas, ecuaciones, ecuaciones diferenciales, integrales, series, etc, que se descubrieron y luego aplicaron en la resolución de muy diversos problemas físicos, no conoce parangón en toda la historia de las matemáticas.

El virtuosismo técnico-formal alcanzado, en el caso de Euler rozó la exageración, les llevó a una excesiva confianza en el lenguaje formal y a efectuar un buen número de cálculos sin un objetivo concreto; esto al menos, era lo que opinaban los matemáticos del siglo siguiente.

Estos reproches, dirigidos de manera prioritaria a Euler, se pueden hacer extensivos al resto de sus colegas. Conviene puntualizar, sin embargo, que si bien el genio suizo disfrutaba calculando, encontrando nuevas fórmulas y nuevas ecuaciones matemáticas, no era este su verdadero objetivo tal y como él mismo se encargó de aclarar:

"Las Matemáticas no son ningún devaneo intelectual, sino que consideran al mundo físico real desde el punto de vista abstracto".

En todo caso, una cantidad tan grande de trabajos realizados en las más variadas ramas de las matemáticas, amén de un excesivo optimismo en la técnica formal, era lógico que condujera a un cierto déficit en el rigor.

Este aspecto, el del rigor, sería el talón de Aquiles de las matemáticas del XVIII y sobre él gravitarían la mayor parte de las críticas efectuadas por las siguientes generaciones de matemáticos.

Más preocupado por las aplicaciones prácticas a la física y a la ingeniería que por conseguir cimentar el análisis sobre bases sólidas, el matemático del XVIII descuida, cuando no menosprecia, cuestiones tan sensibles del análisis como la convergencia de las series, la existencia de soluciones en las ecuaciones diferenciales, el abuso en la utilización de diferenciales de orden superior, etc.

Se recurre a menudo al uso de argumentos físicos para justificar determinados pasos en las demostraciones, así como para verificar la corrección de las mismas. Cuando la solución a los problemas físicos y técnicos era satisfactoria, se adoptó la postura de que, puesto que las cosas funcionaban bien, las matemáticas debían ser correctas, y se sacrificó el rigor en pro de la eficacia.

La asombrosa precisión con que las leyes matemáticas se ajustaban a los fenómenos naturales, presagiaba que dichas leyes matemáticas estaban desvelando el orden del Universo, y si eso era así, ¿por qué dudar de la bondad de las pruebas, puramente matemáticas, de dichas leyes?

En la primera mitad del siglo XVIII, la indiferencia hacia el rigor era casi generalizada, como ponen de manifiesto las siguientes citas de dos eminentes matemáticos de esa época.

En su obra *Éléments de géometrie* (1741, Elementos de geometría) y refiriéndose a la geometría euclidea, Clairaut afirmaba lo siguiente:

"No es sorprendente que Euclides tuviera dificultades para demostrar que dos círculos que se cortan no tienen el mismo centro

o que la suma de los lados de un triángulo comprendido dentro de otro sea más pequeña que la suma de los lados del triángulo mayor. Este geómetra tuvo que convencer a sofistas obstinados que se glorificaban en rechazar las verdades más evidentes; de tal forma que la geometría, como la lógica, debe basarse en un razonamiento formal para refutar las sutilezas(...). Pero las cosas han cambiado. Todo razonamiento concerniente a lo que el sentido común sabe de antemano, sirve únicamente para esconder la verdad y agotar al lector, y es rechazado hoy en día".

En 1743 D'Alembert comentaba:

"Hasta el presente (...) más importancia se ha dado a engrandecer el edificio que a iluminar la entrada, a elevarlo aún más que a asentar sus cimientos".

Sin embargo y en honor a la verdad, hay que establecer algunas matizaciones respecto a la referida indiferencia hacia el rigor matemático. En primer lugar es necesario recordar que el concepto de rigor se ha ido modificando a lo largo del tiempo y así en la segunda mitad del siglo XVIII los grandes matemáticos fueron cada vez más exigentes respecto de la necesidad matemática de prueba.

Además la preocupación por el rigor no fue la misma en todos los matemáticos del XVIII; Euler, por ejemplo, intentó justificar de manera lógica el uso de las series infinitas aunque sus intentos no llegaron a fructificar y Lagrange, el más profundo y elegante de todos ellos, intentó ofrecer una fundamentación lógica del cálculo infinitesimal, sin que sus esfuerzos se vieran coronados por el éxito.

Con todo, los esfuerzos de estos dos genios universales servirían para que los matemáticos del XIX, inspirándose en sus ideas, cosechasen éxitos rotundos en las cuestiones relativas al rigor que hemos referido.

Después de clarificar y extender la monumental obra de Newton, después de haber creado un buen número de ramas de las matemáticas y haber desarrollado otras ya conocidas de manera extraordinaria, los matemáticos del siglo XVIII se sentían un tanto bloqueados intelectualmente y una cierta sensación de pesimismo comenzó a apoderarse de ellos.

Esto empezó a manifestarse en la década de los ochenta del siglo XVIII.

En 1781, Lagrange escribía a D'Alembert:

"Me parece que la mina de las matemáticas es ya muy profunda, y a menos que alguno descubra nuevas vetas será necesario en algún momento, abandonarla. La Física y la Química ofrecen ahora una explotación más rica y más fácil; también el gusto de nuestro siglo parece ir en esa dirección y no parece imposible que las cátedras de Geometría de la Academia, se conviertan algún día en lo que las cátedras de árabe son actualmente en las Universidades".

Euler y D'Alembert compartían plenamente el pesimismo de Lagrange, ya que ninguno de ellos veía en el horizonte grandes mentes capaces de aportar nuevas ideas para impulsar las matemáticas.

Sin embargo, en ese mismo año de 1781 el filósofo, político y matemático Antoine-Nicolas Caritat de Condorcet (1743-1794), sostenía justamente la opinión contraria, opinión que el tiempo se encargaría de corroborar.

He aquí, un extracto de su sabia predicción:

"(...) A pesar de tantos trabajos frecuentemente coronados por el éxito, estamos lejos de haber agotado todas las aplicaciones del Análisis a la Geometría, y en lugar de creer que nos hemos acercado al final donde estas ciencias deben pararse, porque ya han llegado al límite de las fuerzas del espíritu humano, nosotros debemos confesar que por el contrario estamos en los primeros pasos de una carrera inmensa. Estas nuevas aplicaciones prácticas, independientemente de la utilidad que tengan en sí mismas, son necesarias

para el progreso del Análisis en general; piden crear nuevos métodos. Los procesos técnicos son hijos de la necesidad; podríamos decir lo mismo de los métodos de las ciencias más abstractas. Pero nosotros debemos los últimos a necesidades más nobles, la necesidad de descubrir las verdades nuevas o de conocer mejor las leyes de la naturaleza.

Así, se ven en las ciencias muchas teorías brillantes que han permanecido sin aplicarse por mucho tiempo, convirtiéndose de repente en el fundamento de las más importantes aplicaciones; y del mismo modo, aplicaciones que son muy simples en apa-

D'Alembert

Jean-Baptiste Le Rond, conocido como D'Alembert, nació en París el 16 de noviembre de 1717 hijo natural de Madame de Tencin, aristócrata y hermana de un cardenal, y del caballero Destouches, un general. Fue abandonado a las puertas de la iglesia de Saint-Jean Le Rond de París, de la que adoptará su nombre, y recogido por unos vidrieros a los que siempre consideró como sus verdaderos padres. Gracias a una herencia de su padre natural, recibió una educación esmerada en medicina, filosofía natural y matemáticas. A los 23 años ingresó en la Academia de Ciencias de París. En 1754 fue elegido miembro de la Academia Francesa, de la que sería secretario perpetuo desde 1772.

Su Tratado de dinámica *(1743) fue el primer trabajo donde se formularon las ecuaciones diferenciales del movimiento de un sistema material arbitrario. En 1744 se publicó su* Tratado sobre el equilibrio y el movimiento de los líquidos, *que fue una de las primeras obras sobre hidromecánica.*

Las principales investigaciones matemáticas las realizó en la teoría de ecuaciones diferenciales. Sus trabajos fueron

riencia, dando nacimiento a las ideas de las teorías más abstractas, para las cuales nadie ha sentido necesidad alguna y dirigiendo el trabajo de los geómetras (matemáticos) en estas direcciones (...)".

Al año siguiente de producirse estas declaraciones, Daniel Bernoulli dejaba de existir y un año más tarde, en 1783, morían D'Alembert y Euler. Gauss tenía seis años.

Si bien a matemáticos como D'Alembert, Laplace, Monge, Legendre o Carnot se les puede considerar a todos los efectos, como matemáticos franceses, a hombres como Euler (Suiza), Lagrange

pioneros en la fundación de la física matemática. Se preocupó por fundamentar el cálculo infinitesimal con la idea de límite. También se interesó por el álgebra y la teoría de series infinitas.

A pesar de la valía de sus trabajos científicos, D'Alembert es recordado hoy en día como el responsable de la parte científica de la Enciclopedia. *Su colaboración con Diderot para la redacción de los 28 volúmenes de esta gran obra, empieza en 1751. Pero su aportación no es únicamente científica. Es el autor del* Discurso preliminar de la Enciclopedia, *considerado como un verdadero manifiesto de la filosofía del Siglo de las Luces.*

Habiendo sido uno de los artífices de los cambios que llegarían con la Revolución Francesa, moriría seis años antes, en octubre de 1783.

D'Alembert

Gauss

Carl Friedrich Gauss (1777-1855), considerado el más grande matemático de la historia, sería el hombre puente entre los siglos XVIII y XIX.

Gauss fue el primero de una nueva generación de grandes matemáticos que haría realidad las precisas predicciones de Condorcet. Con la máxima gaussiana "Pauca sed matura" (Pocos pero maduros), se inaugura una nueva etapa de las matemáticas caracterizada por el predominio del rigor.

Gauss, Cauchy, Abel y Jacobi, entre otros, serán los hombres que recojan la antorcha de manos de los matemáticos del XVIII para crear nuevas ramas de las matemáticas, desarrollar de manera extraordinaria las ya conocidas y además lograr de forma definitiva la fundamentación lógica del análisis; todo ello siguiendo la divisa gaussiana de la máxima madurez y del máximo rigor.

Carl Friedrich Gauss

Digamos además, que con Gauss se inicia una etapa de gran esplendor para la matemática alemana, que durará todo el siglo XIX, en contraposición de lo que había ocurrido en el XVIII, siglo en que la hegemonía dentro del mundo de las matemáticas había correspondido a Francia y a Suiza.

(Italia) y en menor medida Daniel Bernoulli (Suiza) se les puede y se les debe considerar como matemáticos europeos ya que permanecieron durante varios años de sus vidas en distintos países europeos y pertenecieron a varias academias de ciencias del continente.

A Euler y Lagrange, los dos grandes matemáticos del XVIII, se les puede aplicar el calificativo de *matemáticos totales*, siguiendo la terminología, que con toda justicia Gauss se aplicó a sí mismo, por los grandes logros que cosecharon en las más diversas ramas de las matemáticas; que comprendían tanto el campo habitual de trabajo de los matemáticos puros, como el campo de los físicos matemáticos, y en definitiva, por su absoluta dedicación a las matemáticas.

Para concluir este breve repaso por la matemática del siglo XVIII, diremos que con la publicación de la obra maestra de Lagrange, *Mécanique analytique* (1788, Mecánica analítica) y la aparición, en los primeros años del siglo XIX, de los cinco tomos de la obra cumbre de Laplace la *Mécanique céleste*, la formidable aventura científica iniciada por Newton estaba terminada.

Antes de centrarnos en la figura científica de Lagrange, dejemos que sea el famoso físico, astrónomo y geodesta francés Dominique François Arago (1786-1853) el que diga la última palabra sobre el papel y la dimensión de los matemáticos del siglo XVIII en la historia de las matemáticas.

En 1842 Arago escribía:

"Cinco matemáticos, Alexis-Claude Clairaut, Leonhard Euler, Jean le Rond D'Alembert, Joseph-Louis Lagrange y Pierre-Simon Laplace se distribuyeron entre si el mundo cuya existencia había descubierto Newton. Ellos lo interpretaron en todas direcciones, se internaron en terrenos que habían sido considerados impenetrables, llamaron la atención sobre innumerables aspectos de estos dominios que hasta entonces todavía no habían sido revelados por la observación y pusieron de modo definitivo –y en esto reside su

inmortal gloria– bajo el dominio de un único principio, de una ley unificada, todo lo que de confuso y misterioso hay en los movimientos de los cuerpos celestes".

2 El joven Lagrange

Joseph-Louis Lagrange (1736-1813), nació el 25 de enero de 1736 en Turín, capital del ducado de Saboya perteneciente al entonces reino de Cerdeña. En su partida de bautismo, escrita en italiano, figura con el nombre de Giuseppe Ludovico Lagrangia.

El bisabuelo de Lagrange, parisino de origen, estaba emparentado con la familia de Descartes, era capitán de caballería en Francia y entró al servicio del rey Carlos Manuel II de Cerdeña. Establecido en Turín, emparentó con la ilustre y rica familia piamontesa Conti. El padre de Lagrange, de nombre Giuseppe Francesco Ludovico, era heredero de una magnífica posición social y ocupaba el cargo de tesorero de la Oficina de Trabajos Públicos y Fortificaciones del ejército sardo en Turín y se casó con Teresa Grosso, única hija del médico de Cambiano, localidad próxima a Turín, quién también era heredera de una considerable fortuna.

El matrimonio Lagrange tuvo once hijos, de los que sólo dos sobrevivieron a la infancia; Joseph-Louis era el benjamín de la familia.

Su padre era un especulador incorregible y, como consecuencia de unas desafortunadas operaciones financieras, perdió casi todo lo que había heredado. Muchos años más tarde, al recordar esta circunstancia, y sin lamentarlo demasiado, Lagrange solía decir:

> *"Si hubiera heredado una fortuna, probablemente no me habría dedicado a las matemáticas".*

El mismo año del nacimiento de Lagrange, y como si de una premonición se tratara, Euler publicó *Mechanica sive motus scientia analytice exposita* (*La mecánica o ciencia del movimiento expuesta de modo analítico*). Esta obra fue de gran importancia para la física, ya que en ella se estudia, por primera vez, la dinámica newtoniana de la masa puntual mediante los nuevos méto-

El reino de Cerdeña

El reino de Cerdeña nació como consecuencia del tratado de Londres de 1717, según el cual el duque de Saboya, Víctor Amadeo II, tuvo que renunciar a sus pretensiones sobre el reino de las Dos Sicilias en beneficio del emperador germánico Carlos VI. En compensación recibió la isla de Cerdeña y el título de rey, con los mismo derechos que los otros grandes príncipes de Europa.

El reino de Cerdeña, del que Víctor Amadeo II fue primer soberano, tenía un territorio formado por dos regiones geográficas bien diferenciadas: las posesiones tradicionales de la casa de Saboya en la región del Piamonte, próspera e industriosa, con capital en Turín, y la isla de Cerdeña, bastante pobre y atrasada, aunque de gran valor estratégico.

En 1730, Víctor Amadeo II abdicó en favor de su hijo Carlos Manuel III, quién reinó en Cerdeña desde 1730 hasta

dos analíticos del cálculo diferencial e integral. Euler rompe así con la larga tradición del empleo sistemático del estilo geométrico heredado de los antiguos griegos.

Con el fin de resaltar la importancia de esta original obra de Euler, se ha llegado a decir, que si bien Arquímedes podría haber escrito los *Principia* de Newton, en modo alguno podría ser el autor de la *Mechanica* de Euler, debido a que esta obra está escrita en el *rupturista* estilo analítico-diferencial, ajeno por completo al gran sabio de Siracusa.

Si hemos señalado como aparentemente premonitorio el hecho de la coincidencia en el tiempo entre el nacimiento de

1773, de manera que fue el único soberano que conoció Lagrange durante su infancia y juventud.

Coincidiendo con los primero años de la vida de Lagrange, el rey emprendió una serie de reformas, siguiendo la moda ilustrada, tendentes a apoyar a la burguesía más dinámica, en detrimento de los privilegios de la nobleza. Estas reformas, que mejoraron notablemente las condiciones económicas del reino –sobre todo en Cerdeña– se vieron bruscamente interrumpidas por un conflicto de alcance europeo, la Guerra de Sucesión de Austria (1741-1748). Con ocasión de esta guerra, los monarcas borbones Luis XV de Francia, Felipe V de España y Carlos de Nápoles firmaron el llamado Segundo Pacto de Familia con el fin de apoyarse mutuamente en sus respectivas pretensiones en el citado conflicto.

Las tropas españolas ocuparon y saquearon la región de Saboya, aliada de Austria, pero al finalizar la guerra el reino sardo salió reforzado de modo que hasta finales del siglo XVIII, pudo mantener una rentable neutralidad en los siguientes conflictos europeos.

Lagrange y la publicación de la citada obra de Euler, ha sido por dos motivos: el primero, porque el autor de la obra llegaría a ser su mentor y amigo, y en segundo lugar porque, desde el punto de vista puramente matemático, Lagrange llegaría a ser inigualable en la aplicación del análisis a la mecánica, superando incluso al propio Euler.

Mole Antonelliana de Turín proyectada en 1862.

Arcadas en una calle de Turín.

Cuando Lagrange inició sus estudios escolares, Turín contaba con diversos centros docentes de nivel elemental y medio, y con una universidad fundada en 1404.

En sus primeros años escolares estudió lenguas clásicas, latín y griego, y se interesó por la literatura. Entró en contacto con la

Una de las principales plazas de Turín.

física de la mano del padre Beccaria y tuvo como profesor de geometría a Filippo A. Revelli. En ambas disciplinas, Lagrange mostró inmediatamente sus grandes dotes y se sintió particularmente inclinado por la geometría de Euclides y la obra científica de Arquímedes.

La familia de Lagrange pensaba dedicar al aventajado muchacho a la abogacía o a algún puesto docente con la anuencia del dócil y disciplinado joven. Sin embargo, cuando Lagrange contaba diecisiete años, cayó casualmente en sus manos una memoria del célebre astrónomo inglés Edmond Halley (1656-1742), sobre la aplicación de los métodos algebraicos al estudio de la óptica. Esta memoria, lo dejó verdaderamente fascinado y desde entonces se dedicó sobre todo, al estudio de las matemáticas. En muy poco tiempo, y sin contar con la ayuda de ningún maestro, logró dominar lo que entonces constituía el análisis moderno.

Gracias a la obra *Instituzioni analitiche* (1748), de la competente matemática italiana María Gaetana Agnesi (1718-1799), pudo conocer y dominar los trabajos científicos de sus ilustres antecesores, Newton, Leibniz, Bernoulli, Euler y Clairaut.

En un espacio de tiempo verdaderamente corto, se siente con las fuerzas suficientes como para iniciar sus propias investigaciones, a finales de 1753, en el campo del análisis matemático, dando así comienzo a una de las carreras más brillantes de la historia de las matemáticas.

En 1754, estudia el *Methodus* de Euler y se familiariza, mediante esa obra, con el conocido problema de los isoperímetros. Lagrange tiene 18 años, cuando comienza su correspondencia científica con el matemático italiano conde Giulio Carlo de Toschi Fagnano (1682-1766). La primera carta, fechada el 23 de julio de 1754, va firmada de una forma un tanto sorprendente bajo nombre de Luigi De La Grange Tournier; aunque la carta está escrita en italiano, parece ser que el joven matemático quiere dejar claro su origen francés por parte de padre.

Retrato de Lagrange, obra de autor desconocido.
Museo del Risorgimento (Turín).

En esta primera memoria, Lagrange desarrolla un cálculo meramente formal basado en la analogía existente entre el binomio de Newton y las diferenciales sucesivas de un producto de dos funciones. Desde luego su memoria no es ninguna obra maestra y en ella aparecen las carencias de un joven que trabaja solo y que no dispone de la ayuda de un profesor que supervise su trabajo. Antes de publicarla y mediante una carta escrita en latín, hizo llegar sus resultados a Euler quien por entonces se encontraba en la Academia de Ciencias de Berlín.

Al mes siguiente de publicarse su trabajo, Lagrange se enteró de que sus resultados ya habían aparecido en la correspondencia entre Leibniz y Johann Bernoulli, que con toda seguridad Euler conocía.

Es fácil imaginar el disgusto de Lagrange al conocer este hecho, no tanto por no ser el primero en obtener los resultados reseñados, como por la posibilidad de que los demás, sobre todo su admirado Euler, pudieran pensar que él había copiado los trabajos de otros.

Sin embargo, este comienzo poco afortunado no arredró a Lagrange, ¡todo lo contrario!. Redobló sus esfuerzos con el fin de lograr importantes resultados dentro de las matemáticas, dignos de ser presentados a Euler.

Ante todo, urge eliminar toda sombra de duda sobre su honradez intelectual y para ello, Lagrange procede de manera admirable para un joven de 18 años. Se da cuenta que la forma más directa de conseguir su propósito es conseguir el reconocimiento del más grande matemático vivo, Euler. Conoce su obra –ya mencionada– *Methodus inveniandi...* que contiene las ideas básicas de una nueva rama de las matemáticas, que está empezando a configurarse y que sólo el gran analista de Basilea conoce: se trata del cálculo de variaciones, como el propio Euler la denominaría años más tarde (1766).

Bien, ahí es donde hay que atacar. Estas reflexiones, tuvo que hacerlas Lagrange entre septiembre y octubre de 1754, porque el

30 de octubre de ese año le escribió una carta a Fagnano en la que le da cuenta de que ha resuelto el problema de la curva tautócrona (o isócrona), por métodos puramente analíticos.

Este viejo problema data de 1673 y consiste en construir un péndulo cuyo período sea independiente de la amplitud de oscilación.

Christiaan Huygens (1629-1695), en su obra *Horologium Oscillatorium* (1673, Péndulo oscilatorio), resolvió este problema ideando un péndulo en el que la longitud efectiva del hilo disminuya al aumentar el ángulo de oscilación, con el fin de que pueda compensarse la tendencia que tiene el período a aumentar con la amplitud. Mediante argumentos geométricos, Huygens probó que si se suspende una masa puntual de un hilo que pende del punto de retroceso de una cicloide (curva engendrada por un punto de una circunferencia que gira sobre una recta, sin deslizarse) de forma que, en su oscilación, el hilo se ajuste al perfil de dicha cicloide entonces la masa puntual recorre otra cicloide similar y su período de oscilación es independiente de la amplitud, por grande que ésta sea.

Miscellanea Taurinensia

Este trabajo puntual, la resolución de un problema concreto mediante un método que sólo Euler domina, no es más que el inicio de un amplio programa original de Lagrange, consistente en la resolución de un buen número de problemas de naturaleza diversa mediante un método universal más general y elegante que el ideado por Euler en su *Methodus inveniandi*...

El 12 de agosto de 1755 Lagrange remite una carta a Euler en la que le da cuenta de su solución analítica al problema de la tautócrona y le expone, de manera sucinta, su nuevo *método de variaciones*, puramente analítico, para la resolución de los más diversos problemas encuadrados dentro de lo que hoy llamamos cálculo de variaciones.

Este primer gran trabajo general y sistemático de Lagrange, al que se refiere en la carta, fue publicado años más tarde bajo el título *Essai d'une nouvelle méthode pour déterminer les máxima et minima des formules intégrales indéfínies* (1762, *Ensayo sobre un nuevo método para determinar los máximos y mínimos de las funciones integrales indefinidas*).

Lagrange siempre se mostró orgulloso de su primer gran logro científico, cosa que no puede extrañar si se repara en el hecho de que tenía 19 años cuando se convirtió en cofundador de una nueva rama de las matemáticas: el cálculo de variaciones.

Mientras esperamos la contestación de Euler, y por la trascendencia que ésta tuvo para la vida del joven Lagrange, conviene exponer algunos problemas, que en adelante llamaremos problemas variacionales, que fueron resueltos de manera global por Euler en su *Methodus inveniandi...* y por Lagrange en su *Essai d'une nouvelle méthode...*, mediante sendos métodos generales.

Estos ejemplos y otros muchos que se presentan en las matemáticas, en la física o en la economía pertenecientes al cálculo de variaciones, tienen una estructura común: en todos ellos aparece el concepto de funcional como una generalización directa del concepto de función que contiene a ésta como un caso particular.

Si C es un conjunto de elementos cualesquiera, números, puntos del espacio, curvas, funciones, superficies o incluso estados o movimientos de un sistema mecánico, a los cuales los denotaremos por x, y si a cada elemento x le asociamos un número y, decimos que sobre el conjunto C hemos definido un funcional y = F (x). En el caso particular en que C sea un conjunto numérico entonces y = F (x) será una función de una variable; si C está constituido por los pares ordenados (x, y), o puntos del plano, el funcional z = F (x, y) es una función de dos variables, etc.

En los problemas variacionales señalados, y en muchos otros, siempre se trata de encontrar entre todos los elementos de

Problemas variacionales

La reina Dido

Parece ser que fue la reina Dido, fundadora de Cartago, el primer ser humano que resolvió un problema de naturaleza variacional. Dido, fue una princesa fenicia hija del rey de Tiro. Cuando murió su padre ella heredó el trono, pero más tarde lo perdió a manos de su hermano pequeño, quién asesinó al esposo de Dido. Ésta tuvo que huir de Tiro con alguno de sus fieles amigos y tras una serie de peripecias todos recalaron en las costas africanas. Dido, pidió a los habitantes de esas tierras "tanta tierra cómo pudiera contener la piel de un toro".

Una vez que le fue concedida la modesta petición, ella cortó la piel en delgadas tiras y aprovechando la costa, dispuso las tiras de forma que rodearan una superficie semicircular, sobre la cual se fundó Cartago.

La inteligente reina resolvió de esa manera un problema variacional de los llamados isoperimétricos. Este problema se podría enunciar así:

De todas las superficies limitadas por curvas cerradas, sin puntos dobles y de la misma longitud, la de mayor área es el círculo.

Este problema de isoperímetros se encuadra dentro de los llamados problemas de máximos.

Principio del mínimo

Muchos fenómenos naturales se rigen por lo que suele llamarse principio del mínimo.

Herón de Alejandría (s. I d.C.), estudió uno de estos fenómenos: el de la reflexión de la luz. Herón descubrió que la

>>

igualdad de los ángulos de incidencia y de reflexión formados por un rayo de luz al chocar con un espejo plano, hace que la trayectoria del rayo al moverse desde su fuente hasta el punto reflejado, sea mínima. Este es uno de los principios básicos de la óptica geométrica.

Pierre de Fermat (1601-1665), demostró que la refracción de la luz, está regida por el principio del mínimo. Fermat probó que cuando un rayo de luz pasa de un punto P a otro P' de un medio distinto, el rayo sigue la trayectoria que requiere un menor tiempo.

En el libro segundo de los Principia, *y al estudiar el movimiento de los cuerpos en el agua, Newton plantea un problema variacional de mínimos:*

Newton se pregunta qué contorno debe tener una superficie de revolución que se mueve con velocidad constante para presentar una resistencia mínima al movimiento, si la resistencia del agua, en cualquier punto de la superficie del cuerpo, es proporcional a la componente de la velocidad que es normal a la superficie.

La solución completa a este problema, sólo esbozado en los Principia, *la dio Newton en 1694, en una carta dirigida a James Gregory (1638-1675).*

Aunque en su trabajo, Newton utiliza técnicas distintas a las usuales del cálculo de variaciones, en la terminología variacional el problema podría plantearse así:

Encontrar una función desconocida y(x), tal que haga mínima la integral

$$J = \int_{x_1}^{x_2} \frac{y(x)(y'(x))^3}{1 + (y'(x))^2}\, dx$$

La braquistócrona

En el Acta Eruditorum *de junio de 1696 Johann Bernoulli, fiel a su costumbre de retar a sus colegas con problemas matemáticos, propuso a éstos el famoso problema de la braquistócrona. El problema estaba planteado en estos términos: Entre todas las curvas que unen los puntos M_1 y M_2, se desea encontrar aquella a lo largo de la cual una partícula sometida a la acción de la gravedad, sin velocidad inicial, descartando la fricción y la resistencia del aire, se mueve desde M_1 a M_2 en el menor tiempo posible.*

Este problema, puede anunciarse en lenguaje variacional como un problema de mínimos condicionados:

Entre todas las funciones y = f (x) que verifican las condiciones f (0) = 0, f (x_2) = y_2 (M_1 (0,0); M_2 (x_2, y_2)), hallar la que minimice la integral

$$T = \frac{1}{\sqrt{2g}} \int_0^{x_2} \frac{\sqrt{1 + y'^2}}{\sqrt{y}}\, dx$$

El problema en cuestión fue resuelto de manera independiente por Newton, Leibniz, Johann y Jakob Bernoulli y L'Hôpital utilizando distintos métodos no analíticos. Todas las soluciones se publicaron en el número de mayo de 1697 del Acta Eruditorum.

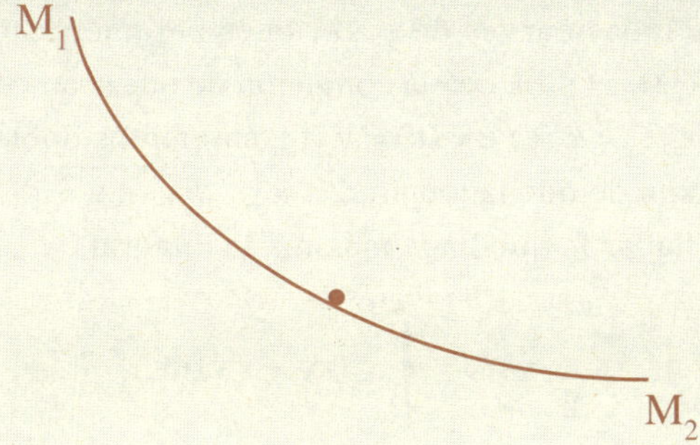

>>

La superficie de revolución de área mínima

Entre todas las curvas que unen dos puntos del plano M_1 (x_1,x_2) y M_2 (x_2,y_2), se desea hallar aquella cuyo arco engendra la superficie de menor área, al girar alrededor del eje OX.

Este problema se puede considerar como un problema típico de mínimos condicionados del cálculo de variaciones que podríamos enunciar así:

Hallar la curva de ecuación $y = f(x)$ con la condición de que $f(x_1) = y_1$ y $f(x_2) = y_2$ y tal que haga mínima la integral

$$S = 2\pi \int_{x_1}^{x_2} y \sqrt{1 + y'^2}\, dx$$

Euler probó que la curva f(x) es la catenaria.

El problema isoperimétrico

Desde el punto de vista analítico, el problema isoperimétrico básico puede formularse de la manera siguiente:

De todas curvas de ecuaciones paramétricas $x = x(t)$, $y = y(t)$ $(t_1 \leq t \leq t_2)$, con la condición de que sean cerradas, es decir, $x(t_1) = x(t_2)$ e $y(t_1) = y(t_2)$, sin puntos dobles y con la condición de que la longitud $L = \int_{t_1}^{t_2} \sqrt{x'^2 + y'^2}\, dt$, sea constante, hallar la que haga máxima la integral

$$J = \int_{t_1}^{t_2} (xy' - x'y)\, dt$$

C que verifican unas condiciones de contorno dadas, aquél que hace que el funcional y = F (x) tome un valor extremo, máximo o mínimo.

En el cálculo de variaciones, se consideran funcionales definidos sobre un conjunto C de funciones. Como veremos enseguida, fue Euler el primero en darse cuenta de la íntima relación entre los problemas señalados, y el primero en ofrecer una solución general para todos ellos.

Euler encontró que para que una función de C proporcione un valor extremo al funcional correspondiente, tiene que verificar una cierta ecuación diferencial y como sabemos muchas de las relaciones cuantitativas de la mecánica y de la física en general, se expresan mediante ecuaciones diferenciales. Todo ello llevó a Euler a considerar muchas ecuaciones de la mecánica y de la física en general como condiciones extremas de determinados funcionales, de manera que las leyes de la física podían anunciarse en la forma de exigir un valor extremo, en general un mínimo, para determinadas cantidades. En definitiva, ciertas leyes físicas se podrían enunciar en términos de *principios de mínimo*, lo cual hizo posible un nuevo método de resolución de muchos problemas físicos consistente en buscar los mínimos de los correspondientes funcionales.

Hay, sin embargo, algunas leyes físicas como el segundo principio de la Termodinámica, que se enuncian en términos del "*principio de máximo*".

Sin embargo, desde el punto de vista histórico no fue un problema físico, sino geométrico, el que llevó a Euler al cálculo de variaciones.

En 1728, Johann Bernoulli propuso a Euler encontrar las curvas geodésicas de una superficie. Una geodésica es una curva de una superficie, tal que en cada uno de sus puntos la normal principal es normal a la superficie. Euler tuvo en cuenta la propiedad de las geodésicas, de ser las trayectorias sobre una superficie que tienen longitud mínima, entre todas las curvas que unen dos puntos dados de esa superficie.

En el caso de una superficie plana, el funcional que hay que hacer mínimo viene representado por la integral $J = \int_{x_1}^{x_2} \sqrt{1 + (y'(x))^2}\, dx$ y la geodésica es el segmento rectilíneo de extremos (x_1, y_1) y (x_2, y_2).

Fue por tanto Euler, el primero que se propuso resolver el problema de las geodésicas, y los que hemos citado anteriormente mediante el empleo de un método general. Se propuso calcular los extremos del funcional

$$J = \int_{x_1}^{x_2} F(x, y, y')\, dx$$

El sabio suizo pudo demostrar que la función que hace máxima o mínima a la integral J ha de ser una función y = y (x), que verifique la ecuación diferencial ordinaria

$$F_y - \frac{d}{dx}(F_{y'}) = 0$$

Si transcribimos la notación utilizada por Euler a notación moderna, la ecuación diferencial anterior se puede expresar así:

$$F_y - F_{xy'} - F_{yy'}y' - F_{y'y'}y'' = 0$$

Esta ecuación publicada en 1736, es la ecuación básica del cálculo de variaciones y se llama ecuación de Euler. Es una ecuación diferencial ordinaria de segundo orden en y (x).

Ahora bien, la solución de esta ecuación diferencial $y = y(x, C_1, C_2)$, contiene dos constantes arbitrarias, que pueden determinarse teniendo en cuenta las condiciones de contorno $y(x_1, C_1, C_2) = y_1$; $y(x_2, C_1, C_2) = y_2$. La búsqueda de soluciones que sean curvas extremales para la función integral J (funcional), equivale a la resolución del siguiente problema de contorno de ecuaciones diferenciales: en el intervalo $[x_1, x_2]$, encontrar aquellas soluciones de la ecuación de Euler, que tomen los valores y_1 e y_2 en los extremos de dicho intervalo.

Conviene recordar, que la solución del citado problema de contorno sólo proporciona un *posible* extremo para la integral J(y).

En definitiva, el método de Euler puede resumirse como sigue:

Para que una función y = y (x) haga máxima o mínima la integral

$$J(y) = \int_{x_1}^{x_2} f(x, y, y')dx$$

ha de verificar la ecuación básica de Euler.

Entre 1736 y 1744, Euler aplicó su método para resolver problemas cada vez más difíciles, como el de los isoperímetros.

Para funciones integrando más complicadas que F (x, y, y'), la ecuación diferencial básica resultó manifiestamente insuficiente, y el genio suizo tuvo que recurrir a su inmenso ingenio, para encontrar ecuaciones diferenciales análogas a la ecuación básica, y poder resolver así, un buen número de problemas variacionales.

Todos los resultados anteriormente reseñados, los publicó Euler en su famoso, y ya citado libro, *Methodus inveniandi...*, que Lagrange había estudiado a fondo.

Si bien puede afirmarse que con la publicación de esta obra, el cálculo de variaciones alcanza verdadera categoría de nueva rama de las matemáticas, no es menos cierto, que los trabajos contenidos en ella presentan algunas importantes limitaciones de las que el propio Euler era consciente: en primer lugar el método no era suficientemente sistemático ni general, como para no precisar gran ingenio y capacidad de cálculo, en la resolución de un gran número de problemas variacionales, y en segundo lugar, la metodología utilizada por Euler tenía la complicación adicional de presentar una mezcla de estilos, geométrico y analítico-diferencial, que la hacía bastante farragosa.

La solución a estas limitaciones constituye el núcleo central de la carta remitida por Lagrange a Euler el 12 de agosto de 1755.

El método de Lagrange

Veamos como procede Lagrange al atacar el problema básico del cálculo de variaciones, es decir, entre todas las curvas de extremos P (x_1,y_1), y Q(x_2,y_2), encontrar la curva y (x) que haga máxima o mínima la integral

$$J=\int_{x_1}^{x_2} F(x,y,y')\,dx$$

En lugar de variar las ordenadas de la curva y(x), tal y como hizo Euler, Lagrange introduce nuevas curvas entre los puntos extremos P y Q, a las que representa de la forma y(x) + δy(x) donde δ es el símbolo que Lagrange introduce para señalar la variación de la curva entera y(x) La aparición de una nueva curva en el integrando de J, produce un incremento en la integral que Lagrange expresa por medio de ΔJ, es decir,

$$\Delta J=\int_{x_1}^{x_2} \left[F(x,y+\delta y,y'+\delta y')-(F(x,y,y')\right]dx$$

Ahora bien, aunque F es una función de tres variables x, y e y', en el integrando de ΔJ x permanece constante, y por ello Lagrange aplica al integrando, el teorema de Taylor para funciones de dos variables y e y'. Esto le permite escribir ΔJ, de la manera siguiente:

$$\Delta J = \delta J + \frac{1}{2!}\delta^2 J + \frac{1}{3!}\delta^3 J + \ldots$$

Lagrange llama ahora a δJ, la primera variación; δJ es la integral de los términos de primer grado en δy y en δy'. Llama segunda variación a $\delta^2 J$, que es la integral de los términos de segundo grado en δy y δy', y así sucesivamente. Es decir,

$$\delta J=\int_{x_1}^{x_2}\left[F_y+F_{y'}\delta y'\right]dx$$

$$\delta^2 J=\int_{x_1}^{x_2}\left[F_{yy}(\delta y)^2+2F_{yy'}(\delta y\delta y')+F_{y'y'}(\delta y')^2\right]dx$$

Lagrange afirma ahora, que los valores de $\delta^2 J$, $\delta^3 J$,..., son muy pequeños frente a los valores de δJ y por tanto el signo de ΔJ viene determinado por el signo de δJ.

Ahora bien, como ΔJ debe conservar el signo en un cierto entorno de un máximo o de un mínimo, entonces δJ debe ser nula para aquella función y(x) que garantice un extremo para la integral J.

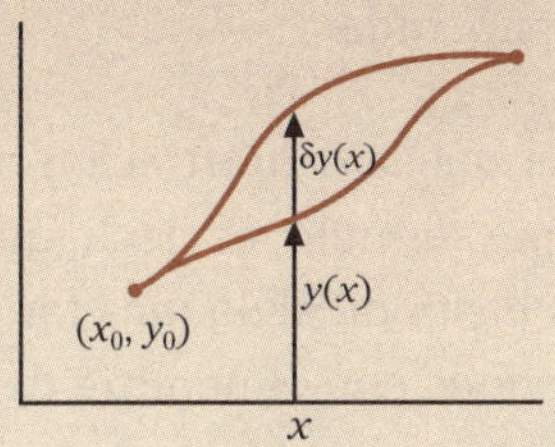

Lagrange escribe a continuación, $\delta y' = \dfrac{d(\delta y)}{dx}$ y asegura que el orden en las operaciones d y δ puede cambiarse, cosa que, siendo correcta, sólo pudo probarse mucho más tarde.

Teniendo en cuenta la igualdad anterior, Lagrange escribe la primera variación de la forma siguiente:

$$\delta J = \int_{x_1}^{x_2} \left[F_y \delta y + F_{y'} \frac{d}{dx} (\delta y) \right] dx$$

A continuación, integra por partes el segundo miembro de la igualdad anterior, y afirma que la parte integrada se anula debido a que $\delta y(x)$ es nula en los extremos de integración, $\delta y\,(x_1) = 0$, $\delta y\,(x_2) = 0$.

Se obtiene así,

$$\delta J = \int_{x_1}^{x_2} \left[F_y \delta y - \left(\frac{d}{dx} F_{y'} \right) \delta y \right] dx$$

Ahora bien, como $\delta J = 0$ para cualquier variación dy de la función y (x), Lagrange deduce que el coeficiente de dy debe ser nulo, es decir,

$$F_y - \frac{d}{dx}(F_{y'}) = 0.$$

Llega así, a la ecuación diferencial básica del cálculo de variaciones o ecuación de Euler.

Ya en esta carta, que contiene su primer trabajo importante, queda patente el *estilo Lagrange*: primero, resumen histórico de los resultados de sus antecesores en la resolución de problemas variacionales, en particular de los del propio Euler, para a continuación atacar directamente el problema de generalizar el método de Euler mediante un procedimiento puramente analítico, desarrollado por medio de una elegancia formal hasta entonces desconocida, y nunca superada.

Debemos señalar que la demostración rigurosa de que el coeficiente de δy tiene que ser nulo, es decir, que $F_y - \frac{d}{dx}(F_{y'}) = 0$ no la logró P. F. Sarrus hasta un siglo más tarde, en 1848. Este resultado, que hoy se conoce con el nombre de lema fundamental del cálculo de variaciones y que fue establecido inicialmente por Euler y corroborado después por Lagrange, nos da una condición necesaria que y(x) debe cumplir para que la integral J tenga un extremo, pero no es una condición suficiente.

Euler y Lagrange sabían esto, y ellos aseguraban el máximo o el mínimo de J utilizando las consideraciones físicas o geométricas específicas de cada problema.

Las condiciones de suficiencia para garantizar la existencia de un máximo o un mínimo para la integral J, fueron estudiadas en el siglo XVIII por Laplace y Legendre, basándose en el estudio de la segunda variación $\delta^2 J$, sin resultados satisfactorios. Las condiciones de suficiencia fueron establecidas de manera definitiva en el siglo XIX, gracias a los trabajos de los ilustres discípulos de Euler y Lagrange: Poisson, Hamilton, Jacobi, Hesse y Weierstrass, entre otros.

Además de su método general de cálculo de variaciones, Lagrange remitió a Euler, en la citada carta de 1755, una utilización de su método en la resolución de problemas de máximos y mínimos condicionados. De manera genérica, estos problemas responden a un planteamiento típicamente variacional: se trata de

La braquistócrona

Conviene ilustrar el método Euler-Lagrange, mediante una aplicación práctica a un problema concreto como, por ejemplo, el de la curva de descenso más rápido, la braquistócrona.

Consideramos como punto de partida el origen de coordenadas P (0, 0) y como punto de llegada el punto Q (x_2, y_2). *Sea* $y = f(x),\ x \in [0, x_2]$, *la ecuación de una función arbitraria continua y derivable en el intervalo,* $[0, x_2]$.

Como la curva que representa a la función $y = f(x)$ *pasa por los puntos P y Q, debe verificar la condición* $f(0) = 0,\ f(x_2) = y_2$

En un punto cualquiera M (x, y) de la curva situado entre P y Q, la velocidad de la masa puntual se puede expresar en función de la ordenada del punto, mediante la ecuación $v = \sqrt{2gy}$.

El tiempo que se necesita para que el punto material recorra un elemento de arco de curva ds, viene dado por

$$\frac{ds}{v} = \frac{\sqrt{1 + y'^2}}{\sqrt{2gy}}\, dx$$

y por tanto el tiempo total de descenso de la masa puntual desde P hasta Q, vendrá dado por

$$T = \frac{1}{\sqrt{2g}} \int_0^{x_2} \frac{\sqrt{1 + y'^2}}{\sqrt{y}}\, dx$$

Aplicando ahora el método Euler-Lagrange, la cuestión se reduce a encontrar, entre todas la curvas $y = f(x)$ *que verifican*

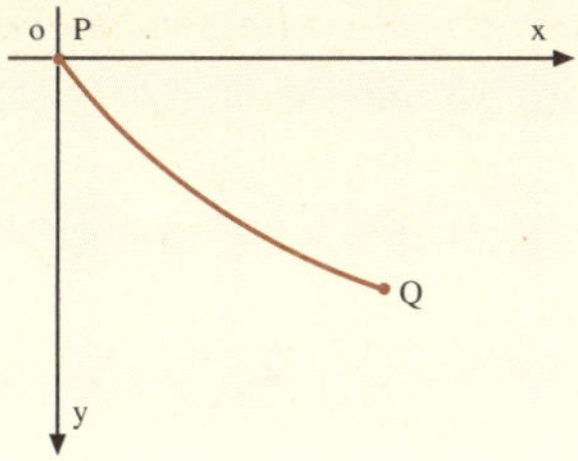

>>

determinar la curva que une dos puntos A y B, de abscisas respectivas x = a y x = b, que haga que la integral

$$J = \int_a^b F(x, y, y')dx$$

tenga una valor extremo, con la condición de que una segunda integral

$$K = \int_a^b G(x, y, y')dx$$

tomada a lo largo de la misma curva, tome un valor dado.

Establecido el problema en esto términos, las dos condiciones siguientes deben verificarse simultáneamente,

$$\delta J = 0, \qquad \delta K = 0,$$

las condiciones de contorno $f(0) = 0$, $f(x_2) = y_2$, aquella que haga mínima la integral

$$J(y) = \int_0^{x_2} F(x, y, y')\, dx = \int_0^{x_2} \frac{\sqrt{1 + y'^2}}{\sqrt{y}}$$

En nuestro caso, la ecuación de Euler es:

$$-\frac{1}{2}\frac{\sqrt{1+y'^2}}{y\sqrt{y}} - \frac{d}{dx}\left[\frac{y'}{\sqrt{y}\,\sqrt{1+y'^2}}\right] = 0$$

Después de operar y simplificar, la ecuación se puede reducir a la forma:

$$\frac{2y''}{1+y'^2} = -\frac{1}{y}$$

Multiplicando los dos miembros de la ecuación anterior por y' e integrando luego, se obtiene

$$\ln(1 + y'^2) = -\ln y + \ln k$$

que puede reducirse a

$$y'^2 = \frac{k}{y} - 1$$

Para lo cual es necesario que se verifique que también

$$\delta J + \lambda \delta K = 0$$

Siendo λ una constante arbitraria (multiplicador). La igualdad anterior nos dice que, para la curva solución del problema, es nula la variación de la integral

$$J + \lambda K = \int_a^b [F(x, y, y') + \lambda G(x, y, y')]dx$$

Según esto, el problema inicial es equivalente al de hallar la curva para la cual es máximo o mínimo el valor de esta última integral; obtendremos así la correspondiente ecuación diferencial cuya integral general tendrá tres constantes arbitrarias, las dos constantes de integración y la constante λ que hemos intro-

o bien

$$\sqrt{\frac{y}{k-y}}\,dy = \pm dx$$

La ecuación diferencial anterior, de variables separadas, se puede integrar fácilmente mediante el cambio de variable

$$y = \frac{k}{2}(1 - \cos t), \text{ de donde } dy = \frac{k}{2} \operatorname{sen} t\, dt.$$

Sustituyendo en la ecuación diferencial anterior y simplificando, nos queda,

$$\frac{k}{2}(1 - \cos t)dt = \pm dx$$

que integrada, nos da: $x = \pm\frac{k}{2}(t - \operatorname{sen} t) + C$. *De la condición de contorno,* $f(0) = 0$, *se obtiene que* $C = 0$, *y por tanto deducimos que la braquistócrona (o curva de descenso más rápido) es la cicloide de ecuaciones paramétricas:* $x = \frac{k}{2}(t - \operatorname{sen} t)$; $y = \frac{k}{2}(1 - \cos t)$. *El valor de la constante k, puede obtenerse de la condición de contorno,* $f(x_2) = y_2$.

ducido. Las dos constantes de integración se calculan utilizando la condición de que la curva pase por los puntos A y B, y λ se puede calcular usando la condición de que la integral K tenga el valor pedido.

Empecemos ilustrando este método de Lagrange, para el caso elemental de una función de dos variables, u = f (x, y), donde las variables x e y están ligadas por una condición (una ligadura).

Se trata de calcular los extremos de la función u = f (x, y), sabiendo que x e y están ligadas entre sí por medio de una ecuación g (x, y) = 0. (1)

Aunque (1) defina a y como función implícita de x, no suele ser fácil despejar a y en función de x; en los casos en que esto pudiera hacerse, entonces u = f (x, y) se podría considerar como una función explícita de una única variable independiente x, cuyos extremos se calcularían con facilidad.

Si y no puede expresarse de forma explícita en función de x, entonces podemos resolver el problema, planteándolo de la siguiente manera: en todo caso, la derivada de u respecto a x debe ser nula, para aquellos valores en los que u tenga un extremo.

Hallemos $\frac{\delta u}{\delta x}$ en la ecuación u = f (x, y), teniendo en cuenta que y es función de x:

$$\frac{\delta u}{\delta x} = \frac{\delta f}{\delta x} + \frac{\delta f}{\delta y}\,\frac{\delta y}{\delta x}$$

En los puntos en los que u = f (x, y) tenga extremos, se verificará:

$$\frac{\delta f}{\delta x} + \frac{\delta f}{\delta y}\,\frac{\delta y}{\delta x} = 0 \qquad (2)$$

Derivando en la ecuación (1), se obtiene:

$$\frac{\delta g}{\delta x} + \frac{\delta g}{\delta y}\,\frac{\delta y}{\delta x} = 0 \qquad (3)$$

Esta igualdad es válida para todos los valores de x e y que satisfacen la ecuación g (x, y) = 0. Si se multiplica la igualdad (3) por un coeficiente indeterminado t, y sumamos dicho producto a los términos de la igualdad (2), obtenemos:

$$\left(\frac{\delta f}{\delta x} + \frac{\delta f}{\delta y}\frac{\delta y}{\delta x}\right) + t\left(\frac{\delta g}{\delta x} + \frac{\delta g}{\delta y}\frac{\delta y}{\delta x}\right) = 0$$

o bien

$$\left(\frac{\delta f}{\delta x} + t\frac{\delta g}{\delta x}\right) + \left(\frac{\delta f}{\delta y} + t\frac{\delta g}{\delta y}\right)\frac{\delta y}{\delta x} = 0 \qquad (4)$$

Esta igualdad es cierta en todos aquellos puntos en que la función u = f (x, y) tiene extremo.

Elijamos t, de manera que para los valores de x e y correspondientes a un extremo de la función u = f (x, y) la expresión $\left(\frac{\delta f}{\delta y} + t\frac{\delta g}{\delta y}\right)$ de la igualdad (4) se anule, entonces para dichos valores de x e y se deduce de la igualdad (4) que:

$$\frac{\delta f}{\delta x} + t\frac{\delta g}{\delta x} = 0$$

Así pues, en los puntos extremos de la función u = f (x, y) se satisfacen las tres ecuaciones:

$$\frac{\delta f}{\delta x} + t\frac{\delta g}{\delta x} = 0$$

$$\frac{\delta f}{\delta y} + t\frac{\delta g}{\delta y} = 0 \qquad (5)$$

$$g(x,y) = 0$$

Con estas tres ecuaciones se pueden determinar las tres incógnitas x, y, t. Las ecuaciones (5) son condiciones necesarias para la existencia de un extremo de la función u = f (x, y) con la ligadura g (x, y) = 0; es decir, en los extremos de la función se cumplen las ecuaciones (5). Sin embargo, la proposición recíproca no es cierta, ya que la función puede no tener extremo para los valores de x, y, t que satisfagan las ecuaciones (5).

Hoy en día, se puede realizar un estudio analítico adicional sobre las condiciones de suficiencia para la existencia de extremo, pero en tiempos de Lagrange el estudio de la naturaleza del punto crítico se realizaba mediante el análisis de las características propias de cada problema concreto.

Lagrange observó que los primeros miembros de las ecuaciones (5), son las derivadas parciales de la función

$$F(x, y, t) = f(x, y) + tg(x, y) \qquad (6)$$

respecto a las variables x, y, t, respectivamente

Es decir, para hallar los valores de x e y que satisfacen la condición $g(x, y) = 0$ (una ligadura), para los cuales la función $u = f(x, y)$ pueda tener un máximo o un mínimo ligado, se forma la función auxiliar (6) y se calculan los posibles máximos o mínimos libres de dicha función (6), igualando a cero las tres derivadas parciales de la función auxiliar (6), respecto a las variables x, y, t.

El método anterior se puede extender al estudio de los extremos ligados de una función $u = f(x_1,x_2,\ldots,x_n)$ de n variables, con la condición de que las variables $x_1,x_2,\ldots,x_n$ estén ligadas mediante m ecuaciones ($m< n$):

$$\begin{aligned} g_1(x_1, x_2,\ldots,x_n) &= 0 \\ g_2(x_1, x_2,\ldots,x_n) &= 0 \qquad (7) \\ \ldots\ldots\ldots\ldots & \\ g_m(x_1, x_2,\ldots,x_n) &= 0 \end{aligned}$$

Se construye la función auxiliar,

$$F(x_1,x_2,\ldots,x_n,t_1,t_2,\ldots,t_m) = f(x_1,x_2,\ldots,x_n) + t_1g_1(x_1,x_2,\ldots,x_n) + \\ + t_2g_2(x_1,x_2,\ldots,x_n) + \ldots + t_mg_m(x_1,x_2,\ldots,x_n).$$

Como se ve, se introduce un parámetro t_i por cada una de las condiciones g_i que liga a las variables x_i.

Para calcular los puntos críticos de la función auxiliar F, se igualan a cero, las derivadas parciales de F respecto a las variables $x_1, x_2, \ldots, x_n$:

$$\frac{\delta f}{\delta x_1} + t_1 \frac{\delta g_1}{\delta x_1} + t_2 \frac{\delta g_2}{\delta x_1} + \ldots + t_m \frac{\delta g_m}{\delta x_1} = 0$$

$$\frac{\delta f}{\delta x_2} + t_1 \frac{\delta g_1}{\delta x_2} + t_2 \frac{\delta g_2}{\delta x_2} + \ldots + t_m \frac{\delta g_m}{\delta x_2} = 0 \qquad (8)$$

$$\cdots\cdots\cdots\cdots\cdots\cdots\cdots\cdots\cdots\cdots$$

$$\frac{\delta f}{\delta x_n} + t_1 \frac{\delta g_1}{\delta x_n} + t_2 \frac{\delta g_2}{\delta x_n} + \ldots + t_m \frac{\delta g_m}{\delta x_n} = 0$$

Las ecuaciones (7) y (8) forman un sistema de m + n ecuaciones que nos permiten determinar las incógnitas $x_1, x_2, \ldots, x_n$, así como los parámetros auxiliares (multiplicadores) $t_1, t_2, \ldots, t_m$. Como en el caso de una función de dos variables, subsiste el problema del estudio posterior de las condiciones de suficiencia que garanticen la existencia de un extremo de la función $u = f(x_1, x_2, \ldots, x_n)$, para los valores de las incógnitas encontrados mediante la resolución del sistema anterior.

Este método elegante y eficaz que proporciona una condición necesaria para la existencia de un extremo de la función, se denomina desde entonces *método de los multiplicadores de Lagrange.*

Como ya se ha dicho, en estos trabajos remitidos a Euler por carta y más tarde publicados en la memoria titulada *Ensayo sobre un nuevo método para determinar los máximos y mínimos de las funciones integrales indefinidas* (1762), había depositado Lagrange sus esperanzas de disipar la mínima sombra de duda que pudiera haber sobre su honradez como matemático.

Y no se vieron defraudadas esas esperanzas, pues la rápida contestación de Euler, el 6 de septiembre de 1755, dejaba meridianamente establecido que Euler reconocía la superioridad del método variacional de Lagrange sobre el suyo propio, y animaba al joven turinés a redoblar sus esfuerzos en pos de la consecución de nuevos logros.

Los multiplicadores

Un ejemplo elemental de la utilización del método de los multiplicadores de Lagrange puede ilustrarse con el siguiente problema de extremos ligados:

Con un trozo de chapa de área 2a se desea construir una caja cerrada con forma de paralelepípedo rectangular, que tenga volumen máximo.

Si designamos por x, y, z *la longitud, la anchura y la altura, respectivamente de dicha caja, el problema se reduce a la obtención de un máximo de la función* $v = f(x, y, z)$ *con la condición de que* $2xy + 2xz + 2yz = 2a$.

La ligadura entre las tres variables x, y, z *puede expresarse de la forma* $xy + xz + yz - a = 0$ $(x>0, y>0, z>0)$ *y como* $v = f(x,y,z) = xyz$, *podemos formar la función auxiliar* $F(x,y,z,t) = xyz + t(xy + xz + yz - a)$.

Hallamos las derivadas parciales de $F(x,y,z,t)$ *respecto a las cada una de las tres variables, e igualándolas a cero, se construye un sistema de cuatro ecuaciones y cuatro incógnitas* x, y, z, t, *al añadir la condición de ligadura, a saber:*

$$yz + t\,(y + z) = 0$$

$$xz + t\,(x + z) = 0$$

$$xy + t\,(x + y) = 0$$

$$xy + xz + yz - a = 0$$

El reconocimiento de Euler garantizaba el reconocimiento de todo el mundo matemático de esa época, y en Turín tuvo efectos inmediatos.

Despejando el valor de t en este sistema, se obtiene: $t = -\dfrac{3xyz}{2a}$. *Introduciendo este valor en las tres primeras ecuaciones del sistema, obtenemos:*

$$yz\left(1 - \frac{3x}{2a}(y+z)\right) = 0$$

$$xz\left(1 - \frac{3y}{2a}(x+z)\right) = 0$$

$$xy\left(1 - \frac{3x}{2a}(x+y)\right) = 0$$

Ahora bien, debido a la naturaleza del problema, los valores de x, y, z son distintos de cero y por tanto los primeros factores de las ecuaciones anteriores, son no nulos. De todo ello se puede deducir que:

$$\frac{3x}{2a}(y+z) = 1, \quad \frac{3y}{2a}(x+z) = 1, \quad \frac{3z}{2a}(x+y) = 1,$$

De las dos primeras ecuaciones se deduce que $x = y$, *y de las dos últimas que* $y = z$. *Si ahora se tiene en cuenta la condición de ligadura entre las tres variables, podemos concluir que:*

$$x = y = z = \sqrt{\frac{a}{3}}$$

Hoy en día, se puede demostrar analíticamente que para estos valores de las variables independientes, la función $f(x,y,z)=xyz$ *tiene un máximo. En la época de Lagrange, la existencia del máximo se deducía de las condiciones geométricas del problema: el volumen no puede ser infinitamente grande, debido a las limitaciones que vienen impuestas por la superficie de la chapa.*

En definitiva, el volumen de la chapa es máximo cuando ésta tiene la forma de un cubo de arista $\sqrt{\frac{a}{3}}$.

El trabajo sobre los anexos de Euler

Primer anexo. La forma de una varilla sometida a presión en sus extremos

El primer trabajo se refería a un problema propuesto por Daniel Bernoulli, que consistía en encontrar la forma que adopta una varilla elástica sometida a presión en sus extremos, para que el cuadrado de la curvatura a lo largo de la varilla, sea mínimo.

Es decir, la integral $J = \int_0^L \frac{ds}{R^2}$, *tenga un mínimo, siendo s el arco de longitud L y siendo R el radio de curvatura.*

Esto es, cuando la varilla adopte la forma buscada, la energía potencial almacenada será mínima.

Segundo anexo. Le beau théorème

El segundo anexo es el antecedente directo del trabajo de Lagrange. Ya hemos hablado, en el capítulo anterior, de la agria controversia de carácter teológico que Euler y Maupertuis sostuvieron con otros científicos y filósofos, acerca de lo apropiado de la postura de basar la existencia de dios en el principio de mínima acción.

Desde el punto de vista puramente físico, Maupertuis expresaba la acción en la dinámica como la integral del producto de

Así, el 28 de septiembre de 1755, un real decreto nombra a Lagrange profesor titular de la Real Escuela de Artillería de Turín, con una asignación anual respetable, aunque no fue mejorada en todo el tiempo que duró su estancia en su ciudad natal.

Con 19 años, había logrado un puesto de trabajo fijo y, lo que a él más le importaba, después de la *garantía* de Euler ya nadie podía dudar de su talento matemático.

la masa por la velocidad y la distancia recorrida, y afirmaba que cada cambio que ocurre en la naturaleza es tal, que hace mínima la acción. Maupertuis escribía mvs = mín. sin hacer referencia al intervalo de tiempo en el que consideraba el producto mvs.

Euler fue mucho más preciso. Estudia el movimiento de una partícula individual a lo largo de una curva arbitraria, y demuestra que la trayectoria descrita por la partícula bajo la acción de fuerzas centrales, es la misma que la que se obtiene suponiendo que la integral del producto de la velocidad por un elemento de curva es máxima ó mínima.

Es decir, aplica el cálculo de variaciones a la integral de acción $J = \int_{t_0}^{t_1} v\,ds$*. Para que esta integral sea máxima o mínima* $\delta \int_{t_0}^{t_1} v\,ds = 0$*, y como* $ds = v\,dt$*, Euler escribe finalmente:*

$$\delta \int_{t_0}^{t_1} v^2 ds = 0$$

De esta manera, logra probar que la acción de Maupertuis es mínima para el movimiento de una partícula a lo largo de curvas planas.

Finalmente, afirma que los principios físicos básicos que rigen los fenómenos naturales, pueden ser expresados de manera que algún funcional alcance valores extremos, en particular, afirmaba Euler, esto debe ser cierto para los movimientos de los cuerpos sometidos a la acción de fuerzas, que es el objeto de la dinámica.

No es exagerado decir, que en sus primeros años como matemático, Lagrange tuvo en Euler a un verdadero padrino. La grandeza de espíritu de Euler –en la cima de las matemáticas en esa época–, siempre dispuesto a reconocer en su justo valor el trabajo de los demás, fue una verdadera bendición para Lagrange.

En este punto, no nos resistimos a la tentación de mencionar cuán diferente fue el trato dispensado, muchos años más tarde, a dos jóvenes matemáticos que iniciaban sus carreras, por parte de los ya consagrados. Nos referimos a Niels Henrik Abel (1802-1829) y Évariste Galois (1811- 1832), ignorados, cuando no boicoteados, por sus ya famosos colegas.

Animado por su éxito, Lagrange se propuso atacar un problema que Euler no había podido resolver de manera satisfactoria: aplicar el método de variaciones a la dinámica, partiendo del principio de mínima acción. En estos momentos, el joven genio comienza a concebir su obra maestra, *Mecánica analítica*, en la que incluiría estos primeros grandes logros científicos.

Lagrange, parte ahora de dos trabajos de Euler publicados como anexos de su célebre obra *Methodus inveniandi...*

En su trascendental trabajo, Lagrange parte del resultado más importante que contiene el segundo anexo de Euler: la trayectoria descrita por una partícula bajo la acción de una fuerza central es la misma que la obtenida haciendo que la integral del producto de la velocidad por un elemento de curva, sea máxima o mínima.

Este resultado de Euler fue calificado por Lagrange de *beau théorème* (bello teorema).

Para aplicar el principio de mínima acción, Lagrange plantea, de forma más correcta que Euler, la integral de acción, $J = \int \frac{1}{2} mv^2 dt$. Como se sabe, el producto $\frac{1}{2} mv^2$ es la energía cinética y, aunque Lagrange le siguió llamando fuerza viva, su valor es la mitad de mv^2 que era a lo que Euler y los demás matemáticos, llamaban fuerza viva o vis viva.

En primer lugar Lagrange estudia el movimiento de una partícula de masa m, sometida a la acción de fuerzas derivadas de una función potencial V(x,y,z), (fuerzas conservativas):

$$F(x) = -\frac{\partial V}{\partial x},\ F(y) = -\frac{\partial V}{\partial y},\ F(z) = -\frac{\partial V}{\partial z},$$

La energía cinética T viene dada por:

$T = \frac{1}{2} mv^2 = \frac{1}{2} m\,(\dot{x}^2 + \dot{y}^2 + \dot{z}^2)$ siendo $\dot{x}$, $\dot{y}$, $\dot{z}$ las derivadas de x, y, z, con respecto al tiempo t.

Actuando sobre la coordenada x (t), Lagrange efectúa una pequeña variación $\delta x(t)$, con las condiciones de contorno $\delta x(t_0) = \delta x(t_1) = 0$

Aplicando el cálculo de variaciones, Lagrange trata de encontrar la coordenada x = x (t), que haga mínima la integral de acción.

$$J = \int_{t_0}^{t_1} T dt$$

Al integrar por partes la integral J, el término integrado se anula en los extremos de integración debido a las condiciones de contorno. Teniendo en cuenta además que δ J, debe anularse para que J tenga un mínimo, Lagrange obtiene de todo ello una ecuación diferencial análoga a la ecuación básica de Euler-Lagrange del cálculo de variaciones, a saber:

$$\frac{d}{dt}\left(\frac{\partial T}{\partial \dot{x}}\right) + \frac{\partial V}{\partial x} = 0$$

Procediendo de manera análoga en las coordenadas y y z, se pueden encontrar las ecuaciones:

$$\frac{d}{dt}\left(\frac{\partial T}{\partial \dot{y}}\right) + \frac{\partial V}{\partial y} = 0$$

$$\frac{d}{dt}\left(\frac{\partial T}{\partial \dot{z}}\right) + \frac{\partial V}{\partial z} = 0 \qquad (1)$$

Estas tres ecuaciones diferenciales, llamadas *ecuaciones del movimiento de Lagrange*, equivalen a la segunda ley de Newton $\dot{p}_i = F_i$.

A partir de aquí, Lagrange introduce lo que ahora se llama coordenadas generalizadas, fijando la posición de la partícula mediante coordenadas arbitrarias q_1, q_2, q_3, eventualmente polares, cilíndricas o esféricas, de manera que

$$x = x\,(q_1,q_2,q_3)$$

$$y = y\,(q_1,q_2,q_3)$$

$$z = z\,(q_1,q_2,q_3).$$

donde las q_i son funciones de t, $q_i = q_i\,(t)$.

Mientras que la energía potencial es función únicamente de las coordenadas q_i, la energía cinética lo es de las q_i y de sus derivadas respecto al tiempo $\dot{q}_i$.

Las ecuaciones de Lagrange (1), en rectangulares, se pueden fácilmente transformar en un conjunto de tres ecuaciones de la forma

$$\frac{d}{dt}\left(\frac{\partial T}{\partial \dot{q}_i}\right) - \frac{\partial T}{\partial q_i} + \frac{\partial V}{\partial q_i} = 0, \quad i = 1, 2, 3... \qquad (2)$$

Estas tres ecuaciones son ecuaciones diferenciales ordinarias de segundo orden en las $\dot{q}_i$.

Lagrange demostró que sus ecuaciones del movimiento (2), obtenidas a partir del principio de mínima acción son invariantes, formalmente, con respecto a cualquier transformación de coordenadas.

Si utilizamos la *función lagrangiana*, L = T – V, las ecuaciones (2) se pueden escribir,

$$\frac{d}{dt}\left(\frac{\partial L}{\partial \dot{q}_i}\right) = \frac{\partial L}{\partial q_i}.$$

Lagrange afirma que se puede aplicar el principio general que ha conducido a las ecuaciones del movimiento (2), a un sistema de n partículas, con tal que el número de variables en T y en V sea el requerido para determinar la posición de cada partícula en el sistema.

Si para cada una de las n partículas, se necesitan tres coordenadas rectangulares (x_i, y_i, z_i) para describir su trayectoria en el espacio, entonces bastarán 3n coordenadas q_i y 3n ecuaciones que expresen las coordenadas (x_i, y_i, z_i) en función de las coordenadas q_i.

Por lo tanto habrá 3n ecuaciones del movimiento de Lagrange del tipo (2).

En física, a las coordenadas generalizadas independientes necesarias para determinar la posición de una partícula dentro del sistema, se les llama grados de libertad.

Las ecuaciones de Lagrange que, como se ha señalado equivalen a la segunda ley de Newton, son ecuaciones obtenidas a partir de un principio general y presentan la ventaja, sobre todo cuando se estudian sistemas de un gran número de partículas de no precisar conocer las fuerzas que actúan, si bien se necesitan la energía cinética y la energía potencial.

Ni que decir tiene que Lagrange envió este nuevo trabajo a Euler, quién impresionado por la potencia de los resultados de su joven colega, no se conformó esta vez con felicitarle por sus logros, sino que utilizó su enorme prestigio para convencer a Maupertuis, a la sazón presidente de la Academia de Ciencias de Berlín, para que se ofreciera a Lagrange un puesto de matemático en la Academia de Berlín.

Aunque las condiciones de trabajo en Berlín eran netamente superiores a las que Lagrange tenía en Turín, éste rechazó cortésmente el ofrecimiento que se le hizo, a través del propio Euler. Se sentía agradecido, y así se lo hizo saber a Euler, pero seguramente su natural prudencia y sentido común le aconsejaron que era preferible madurar como matemático en Turín, que a la sombra de su *padrino* en Berlín.

Aún así, Euler y Maupertuis –éste encantado de observar unos logros tan rotundos de *su* principio de mínima acción–

consiguieron que Lagrange fuera elegido miembro asociado extranjero de la Academia de Ciencias de Berlín, con fecha del 2 de septiembre de 1756. Lagrange tenía veinte años. Habían transcurrido tan sólo dos años desde la publicación de su primer trabajo, y ya era miembro asociado de la Academia de Ciencias de Berlín; podía por tanto sentirse satisfecho. Más que la elección en sí, lo que verdaderamente halagaba a Lagrange era el hecho de que el promotor de dicha elección fuera Euler.

Animado por estos éxitos iniciales, funda una sociedad científica en Turín con un grupo de amigos, la cual se transformará con el paso de los años en la Academia de Ciencias de Turín (1783).

Esta sociedad edita una revista, en francés y en latín, con el nombre *Miscellanea taurinensia* o *Mélanges* de Turín, y en la que Lagrange publicará los trabajos realizados en su etapa turinesa. Los tres primeros volúmenes de la *Miscellanea* se publicaron en los años 1759, 1762 y 1766.

Pierre de Maupertuis (1698-1759).

Ni que decir tiene que los trabajos más importantes publicados en esa revista son de Lagrange, pero además, existen fundadas sospechas de algunos de los trabajos relevantes de otros autores, son también del propio Lagrange. Se cita, por ejemplo, un famoso trabajo de hidrodinámica firmado por Daviet de Foncenex (1734-1799), que suscitó vivo interés por parte de Daniel Bernoulli. Cuando esté pidió aclaración a su autor sobre algún punto concreto del trabajo, no obtuvo respuesta alguna.

Otro trabajo firmado por Foncenex y publicado en el primer tomo de *Mélanges* de Turín, trataba de las raíces imaginarias de las ecuaciones y por trabajos realizados por Lagrange posteriormente sobre el mismo tema, parece bastante probable que fuera Lagrange el que, cuando menos, inspirará el trabajo de Foncenex. En todo caso, esto no fue ningún obstáculo para que el rey de Cerdeña nombrara a Foncenex ministro de Marina.

Desde los veinte hasta los veintitrés años Lagrange se dedica fundamentalmente al estudio de problemas físicos relacionados con la propagación del sonido en el aire y en particular al estudio del famoso problema de la cuerda vibrante. Además, estudia la integración de las ecuaciones diferenciales en derivadas parciales, que surgen de la resolución de los problemas físicos citados.

La cuerda vibrante

Resulta admirable constatar la confianza en sí mismo de que hace gala el joven matemático al enfrentase a problemas que ocupan en ese momento a los más grandes matemáticos de Europa: D'Alembert, Euler y Bernoulli.

Desde diez años atrás, hacia 1746, D'Alembert y Euler venían estudiando los desplazamientos de una cuerda que vibra en función de dos variables: el tiempo y la distancia de un punto de la cuerda a uno de sus extremos. Los dos matemáticos, estudiando por separado y utilizando procedimientos distintos, investigaron los desplazamientos de la cuerda en función de las dos variables al mismo tiempo e intentaron determinar todos los movimientos posibles de la cuerda. Sus investigaciones les llevaron a la misma ecuación diferencial en derivadas parciales.

En una serie de artículos, que tituló "Investigaciones sobre la curva que forma una cuerda tensa que se hace vibrar", D'Alembert considera la cuerda compuesta por una cantidad discreta de n partículas iguales, situadas a la misma distancia unas de otras y unidas por un hilo sin peso, elástico y flexible ("collar de cuentas"). Para pasar a la cuerda continua, se hacía tender n a infinito y se hacía tender a cero tanto la masa como el tamaño de cada partícula, de tal suerte que la masa total de todas las partículas tendiera a la masa de la cuerda.

Nos apresuramos a decir que las dificultades de paso al límite que la concepción reseñada comportaba, no fueron bien resueltas por ninguno de los matemáticos de esa época.

En cualquier caso, fue D'Alembert el primero en encontrar la ecuación correcta de la cuerda vibrante, hoy también llamada *ecuación de ondas unidimensional*:

$$\frac{\partial^2 y(x, t)}{\partial t^2} = a^2 \frac{\partial^2 y(x, t)}{\partial x^2} \qquad (1)$$

donde $a^2 = \frac{T}{\theta}$, (T es la tensión de la cuerda, que se supone constante cuando la cuerda vibra y θ es la masa por unidad de longitud).

Si $x = 0$ y $x = \ell$ son los valores de x en los extremos de la cuerda, entonces la solución de la ecuación diferencial (1), tiene que verificar la condición de contorno

$$y(0,t) = 0, \quad y(\ell,t) = 0.$$

Además, la solución de la ecuación debe cumplir con las condiciones iniciales:

$$y(x, 0) = f(x), \qquad \left(\frac{dy(x, t)}{dt}\right)_{t=0} = 0$$

ya que en el instante $t = 0$, al tensar la cuerda, ésta adopta un perfil inicial dado por la curva $y = f(x)$, y al soltarla cada partícula comienza a vibrar con una velocidad inicial nula.

Después de diversos cálculos, efectuados cada uno por su lado, y con distintos métodos, D'Alembert y Euler concluyeron que la solución general de la ecuación de la cuerda vibrante, viene dada por la expresión:

$$y(x, t) = \frac{1}{2}F(at + x) - \frac{1}{2}F(at - x)$$

en la que F tiene que ser una función impar y periódica, de periodo 2ℓ. Por otra parte, y debido a la condición inicial y (x, 0) = f (x), tiene que verificarse que F(x) = f(x), para los valores de x del intervalo cerrado $[0,\ell]$ y por tanto habrá una solución particular de la ecuación (1), para cada curva inicial y = f(x).

Hasta aquí, procedimientos aparte, las conclusiones de Euler y D'Alembert son idénticas.

Las divergencias surgieron a la hora de considerar qué funciones pueden resultar admisibles como curvas iniciales, y por tanto como soluciones particulares de la ecuación diferencial (1).

Para D'Alembert una función era tal, si era *analítica*, lo que significaba, en su época, que la variable independiente y la variable dependiente estuvieran relacionadas mediante un única ecuación, construida a partir de operaciones algebraicas y las reglas del cálculo infinitesimal. La forma de la ecuación podía ser, desde luego, explícita o implícita.

Además, creía que en el caso que nos ocupa, F (x) y f (x) por coincidir en los valores de x que pertenecen al intervalo $[0,\ell]$, tienen que ser iguales para cualquier valor de x, fuera del intervalo. Por lo tanto, si F(x) es impar y periódica, f(x) también tiene que serlo.

D'Alembert afirma finalmente, que dado que y (x, t) es solución general de la ecuación de la cuerda vibrante, tiene que tener derivadas segundas y como y (x, 0) = f (x), también la función de la curva inicial f(x) tiene que ser derivable hasta el segundo orden.

En resumen, para D'Alembert las funciones admisibles como curvas iniciales debían ser muy limitadas: expresables mediante una única ecuación, continuas y derivables hasta el segundo orden.

Euler por su parte, tenía una idea más general del concepto de función. Además de las funciones consideradas como tales por D'Alembert, admitía también como funciones a las definidas *a trozos* y por tanto no expresables mediante una única expresión analítica. Por ejemplo, Euler consideró como función la formada por un polinomio de segundo grado en el intervalo (a, b) y otro de tercer grado en el intervalo (b, c). A ésta y a otras muchas funciones similares, les llamaba Euler *discontinuas*, aunque a la luz de los conceptos actuales, algunas eran continuas y no derivables, otras continuas y de derivada discontinua y por último, otras propiamente discontinuas.

Si bien estas funciones no se pueden expresar mediante una ecuación única, Euler apoyó con razones matemáticas su inclusión dentro del conjunto de curvas iniciales. Consideró como admisibles curvas mucho más amplias, como *las trazadas a mano*, de las que sólo interesa su comportamiento en el intervalo $[0,\ell]$, sin importar la parte de curva restante. Además, aunque y (x, t) debe ser periódica respecto a x, Euler admitía como curva inicial a una función definida de manera arbitraria en $[0,\ell]$, ya que puede resultar periódica si se repite en cada intervalo $[n\ell,(n+1)\ell]$, con n entero.

Ni que decir tiene, que D'Alembert rechazó de plano la posibilidad de que las funciones *discontinuas* de Euler pudieran considerarse admisibles como curvas iniciales.

En la abundante correspondencia entre ambos matemáticos mantenida entre los años 1747 y 1749, no se observa ni una mínima aproximación entre las posturas que cada uno mantenía.

Cuando Daniel Bernoulli tuvo noticias de la controversia entre sus dos famosos colegas, entró inmediatamente en liza con la publicación de una serie de artículos sobre la cuerda vibrante, en los que exponía sus ideas que, según él, databan de la década de los años treinta de ese siglo.

En los citados artículos, publicados entre 1750 y 1755, Bernoulli ironizaba acerca de los trabajos de sus colegas, que calificaba de abstractos, para dar a continuación sus ideas físicas sobre el problema en cuestión. Resumimos alguna de ellas:

"... una cuerda musical tensa puede producir sus vibraciones isócronas de muchas maneras, incluso de acuerdo con la teoría de infinitas maneras..., y en cada momento emite una nota superior o inferior. El primero y más natural modo tiene lugar cuando la cuerda produce en sus oscilaciones un sólo arco; se produce entonces la oscilación más lenta y se emite el tono más bajo de todos los posibles, fundamental respecto al resto. El siguiente modo exige que la cuerda produzca dos arcos opuestos, uno a cada lado de la posición de equilibrio de la cuerda, siendo entonces la oscilación el doble de rápida y emitiéndose ahora la octava del sonido fundamental..."

Bernoulli afirma de manera rotunda que ambos sonidos, el fundamental y un armónico superior, pueden existir simultáneamente.

D'Alembert y Euler comparten todas estas consideraciones físicas de Bernoulli pero discrepan con sus ideas acerca de las posibles curvas iniciales. En efecto, Bernoulli considera que cualquier curva inicial, por arbitraria que sea, se puede expresar mediante la serie trigonométrica,

$$f(x) = \sum_{n=1}^{\infty} a_n \operatorname{sen} \frac{n\pi x}{\ell}$$

ya que se dispone de suficiente número de constantes a_n como para asegurar que la serie se pueda ajustar a cualquier curva inicial, incluso curvas tan arbitrarias como las trazadas a mano.

Además, concluye Bernoulli, todos los posibles movimientos de la cuerda vienen dados por:

$$y(x, t) = \sum_{n=1}^{\infty} a_n \operatorname{sen} \frac{n\pi x}{\ell} \cos \frac{n\pi ct}{\ell}$$

Llegados a este punto, hay que decir que, si bien Bernoulli tenía razón en sus afirmaciones, no aportó ningún argumento matemático que apoyara sus consideraciones de carácter físico.

Euler sostenía que Bernoulli tendría razón en estos últimos argumentos, si cualquier función por arbitraria que fuese, pudiera representarse mediante una serie trigonométrica, lo cual era imposible en su opinión.

Euler aducía que la solución de la ecuación de la cuerda vibrante, que D'Alembert y él habían encontrado, es de la forma,

$$y(x, t) = \frac{1}{2}F(x + ct) + \frac{1}{2}F(x - ct)$$

donde F puede ser una función *discontinua*, como él había demostrado, pero de la misma forma que ese tipo de funciones no puede ser expresada mediante una serie de Maclaurin, tampoco una serie trigonométrica podía ajustarse a ellas. Como máximo, concedía, las series trigonométricas de Bernoulli representaban soluciones particulares de la ecuación diferencial de la cuerda vibrante, aquellas que corresponden a curvas iniciales que sean *analíticas*.

En cuanto a D'Alembert, la posición de Bernoulli de que prácticamente cualquier función arbitraria puede ser admisible como curva inicial, le resultaba sencillamente absurda.

Durante más de diez años, estos tres matemáticos mantuvieron sus posiciones iniciales sobre el problema de la cuerda vibrante, sin que faltaran los comentarios irónicos, cuando no sarcásticos, sobre las opiniones ajenas. Esta contumacia en no dar el brazo a torcer, podría estar motivada por la necesidad de no comprometer el extraordinario prestigio personal que cada uno tenía en el mundo científico de entonces, amén de la confortable posición social que disfrutaban en las cortes ilustradas de la época.

Así estaban las cosas cuando, en 1759, aparece el importante trabajo de Lagrange titulado *Recherches sur la nature et la propagation du son* (*Investigaciones sobre la naturaleza y la propagación del sonido*).

En el prólogo de este trabajo, Lagrange expresa claramente cuál es el propósito que le anima:

> *"Luchar contra el prejuicio de aquellos que opinan que las Matemáticas nunca podrían contribuir al verdadero conocimiento de la Física".*

Aunque Lagrange conoce los trabajos realizados por Euler sobre la propagación del sonido en el aire, su enfoque en este tema se desmarca del punto de vista de Euler. Para éste, la teoría de la propagación del sonido en el aire se puede elaborar a partir de la mecánica de fluidos mediante las oportunas adecuaciones de las ecuaciones generales de la hidrodinámica, aprovechando la propiedad física del aire de ser un fluido compresible.

El trabajo de Lagrange se asienta sobre otra propiedad física del aire, como es la de ser un medio elástico, de ahí que estudie la propagación del sonido en el aire a partir de la mecánica de los sistemas de partículas elásticas, sometidas a la acción de un choque elástico transmitido de partícula a partícula, en línea recta

Además del planteamiento inicial, el trabajo de Lagrange difiere del de Euler en muchos detalles, si bien los dos llegan a idénticas conclusiones.

Joseph-Louis Lagrange.

El enfoque de Lagrange

Lagrange considera una cuerda de longitud ℓ y masa m por unidad de longitud, estirada con una tensión T y con los extremos fijos.

Considera pequeñas oscilaciones transversales de la cuerda y denota por y (x, t) la función que representa el desplazamiento de la cuerda desde su posición de equilibrio.

La energía cinética de un elemento de longitud viene dada por $\frac{1}{2}(\mu dx)\dot{y}^2$, *donde* $\dot{y} = \frac{\partial y}{\partial t}$. *Por lo tanto la energía cinética total es,*

$$E = \int_0^\ell \frac{1}{2}\mu\dot{y}^2 dx$$

Cuando se produce un desplazamiento en la cuerda, su longitud pasa de ℓ a $\ell + \Delta\ell$ y se puede expresar de la manera siguiente

$$\ell + \Delta\ell = \int_0^\ell (1 + y'^2)^{1/2} dx$$

siendo $y' = \frac{\partial y}{\partial x}$. *El trabajo realizado contra la tensión T al aumentar la longitud en $\Delta\ell$, es T $\Delta\ell$.*

Ahora bien, para oscilaciones pequeñas, la expresión $(1 + y'^2)^{\frac{1}{2}}$ *se puede sustituir por* $\frac{1}{2}y'^2$*, de manera que la energía potencial vendrá dada por,*

$$V = \int_0^\ell \frac{1}{2} T y'^2 \, dx$$

Además como los extremos de la cuerda están fijos, las fuerzas actuantes sobre ellos no realizan trabajo, de modo que la energía mecánica suma de la energía cinética y la potencial debe ser constante.

Lagrange considera la función L = E – V, denominada más tarde lagrangiana por Siméon-Denis Poisson (1781-1840).

$$L = \int_0^{\ell} \Phi(y, \dot{y}, y')dx = \int_0^{\ell} \left(\frac{1}{2}\mu \dot{y}^2 - \frac{1}{2}Ty'^2 \right) dx \qquad (1)$$

Con el fin de obtener las ecuaciones del movimiento correspondientes a la función lagrangiana (1), Lagrange aplica el cálculo de variaciones a la integral de acción,

$$J = \int_0^{t} \int_0^{\ell} \Phi(y, \dot{y}, y')dxdt$$

Para ello, considera la pequeña variación δy(x,t), que es nula en t = 0 y t = t, y que se anula también en x = 0 y x = ℓ ya que los extremos de la cuerda están fijos.

La variación de la integral de acción será entonces:

$$\delta J = \int_0^{t} \int_0^{\ell} \left[\frac{\partial \Phi}{\partial y}\delta y + \frac{\partial \Phi}{\partial \dot{y}}\frac{\partial}{\partial t}(\delta y) + \frac{\partial \Phi}{\partial y'}\frac{\partial}{\partial x}(\delta y) \right] dxdt$$

Si se integra por partes, respecto a t en el segundo sumando y respecto a x en el tercero, los términos integrados se anulan debido a que dy es nula en los límites de integración. Teniendo esto en cuenta, se obtiene,

$$\delta J = \int_0^{t} \int_0^{\ell} \left[\frac{\partial \Phi}{\partial y} - \frac{\partial}{\partial t}\left(\frac{\partial \Phi}{\partial \dot{y}} \right) - \frac{\partial}{\partial x}\left(\frac{\partial \Phi}{\partial y'} \right) \right] \delta y(x, t)dxdt$$

El principio de mínima acción requiere que la expresión anterior se anule para que las variaciones arbitrarias ∂y(x,t) se anulen en los límites de integración. Esto es sólo posible, si el integrando es cero. Obtenemos así las ecuaciones del movimiento de Lagrange,

$$\frac{\partial \Phi}{\partial y} - \frac{\partial}{\partial t}\left(\frac{\partial \Phi}{\partial \dot{y}} \right) - \frac{\partial}{\partial x}\left(\frac{\partial \Phi}{\partial y'} \right) = 0$$

>>

Aunque conocía los trabajos de D'Alembert y Euler sobre la cuerda vibrante, Lagrange plantea el problema de la transmisión del sonido en una dimensión espacial, como si se tratara de un problema completamente nuevo.

El método utilizado por Lagrange, aunque equivalente, es muy distinto al empleado por D'Alembert y Euler. Estos aplicaron la segunda ley de Newton, en forma diferencial, a un elemento de cuerda de longitud dx, igualando la resultante de las fuerzas que actúan sobre el elemento de cuerda con la variación de la cantidad de movimiento de dicho elemento. Además de esta ley de la mecánica, los dos matemáticos utilizaron propiedades conocidas de las funciones de dos variables para llegar a la ecuación de la cuerda vibrante.

Lagrange afirma que la solución general de la ecuación de onda unidimensional (ecuación de la cuerda vibrante), incluye dos funciones arbitrarias f y g determinables por los valores

Ahora bien, para la lagrangiana

$$L = \int_0^{\ell} \left(\frac{1}{2}\mu \dot{y}^2 - \frac{1}{2}T y'^2 \right) dx$$

se verifica

$$\frac{\partial \Phi}{\partial y} = 0, \qquad \frac{\partial \Phi}{\partial \dot{y}} = \mu \dot{y}, \qquad \frac{\partial \Phi}{\partial y'} = -Ty'.$$

De modo que la ecuación de Lagrange queda reducida a:

$$\ddot{y} = c^2 y'' \quad \text{ó} \quad \frac{\partial^2 y}{\partial t^2} = c^2 \frac{\partial^2 y}{\partial x^2} \qquad (2)$$

siendo $c^2 = T/\mu$ (c representa la velocidad de propagación de una onda a lo largo de la cuerda).

La ecuación (2) es la ecuación de onda de una dimensión.

iniciales de y e $\dot{y}$. Se puede comprobar, por sustitución directa en la ecuación diferencial, que para cualquier función f, $y=f(x+ct)$ es una solución. Esta solución representa una onda que se mueve sobre la cuerda y hacia la derecha con velocidad c; ahora bien, el perfil del desplazamiento y es el mismo en $t=0$ que en $t = t$, simplemente la onda está desplazada hacia la derecha una distancia ct.

Análogamente, $y = g\,(x - ct)$ es también solución de la ecuación (2), y representa una onda que se desplaza sobre la cuerda, hacia la izquierda. La solución general de la ecuación de la cuerda vibrante es, pues,

$$y = f(x + ct) + g(x - ct)$$

Para una cuerda de longitud finita, una onda que se mueve sobre ella, tiene que reflejarse cuando llegue al extremo, por lo que en la solución general son necesarios los dos términos.

La condición $y\,(0,t) = 0$, requiere que,

$$f(ct) + g\,(-ct) = 0$$

por lo que las funciones f y g sólo se diferencian en su signo y en el signo del argumento, y como consecuencia la solución general de la ecuación de la cuerda vibrante se puede escribir en la forma:

$$y(x,t) = f\,(ct + x) - f\,(ct - x).$$

La otra condición de contorno, $y\,(\ell,t) = 0$, requiere que

$$f(ct + \ell) = f\,(ct - \ell),$$

lo que equivale a que

$$f\,(x + 2\ell) = f\,(x),$$

es decir, la función f debe ser periódica, con periodo 2ℓ.

En resumen, aunque el procedimiento empleado por Lagrange para encontrar la ecuación de la cuerda vibrante es completamente distinto al utilizado por Euler y D'Alembert, las conclusiones particulares a las que llega, sobre las condiciones que ha de cumplir la función arbitraria f de la solución general, son exactamente las mismas que las señaladas por los dos matemáticos citados.

A continuación, Lagrange entra en las consideraciones generales sobre la curva inicial, motivo dc la controvcrsia entre Euler, D'Alembert y Bernoulli.

Para ello, el joven turinés, parte de una cuerda cargada con un número finito de masas iguales (cuerpos en la terminología de la época), situadas a igual distancia unas de otras, pasando al límite cuando el número de masas n, tiende a infinito.

Tras largos y difíciles cálculos, algunos más que dudosos, Lagrange obtiene como solución general de la ecuación de la cuerda vibrante,

$$y(x,t) = \left(\frac{2}{\ell} \int_0^{\ell} Y(x) \sum_{r=1}^{\infty} \operatorname{sen} \frac{r\pi x}{\ell}\, dx \right) \operatorname{sen} \frac{r\pi x}{\ell} \cos \frac{r\pi x}{\ell} +$$

$$+ \left(\frac{2}{\pi c} \int_0^{\ell} V(x) \sum_{r=1}^{\infty} \operatorname{sen} \frac{r\pi x}{\ell}\, dx \right) \operatorname{sen} \frac{r\pi x}{\ell} \operatorname{sen} \frac{r\pi ct}{\ell}$$

El escaso conocimiento que había en aquella época sobre las series infinitas, llevó a Lagrange a considerar las sumas,

$$\sum_{r=1}^{\infty} Y(x) sen \frac{r\pi x}{\ell}\, dx \quad \text{y} \quad \sum_{r=1}^{\infty} V(x) sen \frac{r\pi x}{\ell}\, dx$$

en las que Y(x) y V(x) representan respectivamente el desplazamiento inicial y la velocidad inicial de una masa genérica de la cuerda, como si fueran integrales y por tanto a intercambiar el sumatorio con la operación de integración en algunos de los pasos de sus cálculos.

Este error le planteó problemas de series divergentes, no bien resueltos y además en contra de la opinión manifestada por Poisson muchos años mas tarde, no logró identificar la integral

$$\int_0^{\ell} Y(x)\mathrm{sen}\,\frac{r\pi x}{\ell}\,dx$$

con los coeficientes a_n de Bernoulli, ahora llamados coeficientes de Fourier.

Después de largos cálculos, dudosos en algunos aspectos, Lagrange prueba que su solución es coincidente con la dada por Euler y D'Alembert:

$$y = f(ct + x) + g(ct - x),$$

Finalmente argumenta, que para llegar a su solución no necesitó hacer ninguna hipótesis sobre la derivabilidad de la curva inicial Y(x), ni sobre la derivabilidad de V(x), ya que no realiza la operación de derivación sobre ninguna de estas funciones.

Lagrange concluye su trabajo con éstas palabras:

"La anterior deducción coloca la teoría de este gran geómetra [Euler], más allá de toda duda, establecida sobre principios directos y claros que no requieren, en absoluto, la ley de continuidad [hoy en día, analiticidad] que D'Alembert pretende; además, ocurre que la misma fórmula que sirve para respaldar y probar la teoría de Bernoulli sobre la mezcla de vibraciones isócronas cuando el número de masas es finito, nos muestra su insuficiencia cuando el número de ellas se hace infinito. [...]. Verdaderamente, es una contrariedad que una teoría tan ingeniosa [la de Bernoulli] resulte falsa en el caso general, con el que están relacionados todos los movimientos recíprocos pequeños que se presentan en la Naturaleza".

En definitiva, en la controversia entre Euler, Bernoulli y D'Alembert sobre la cuerda vibrante, Lagrange toma partido, de manera clara, por Euler

Euler, Bernoulli y D'Alembert criticaron aspectos concretos de los cálculos efectuados por Lagrange, si bien elogiaron la originalidad de sus planteamientos y la gran habilidad matemática derrochada en la elaboración de su trabajo. Euler fue más lejos en su elogio al afirmar, con excesivo optimismo y no menor parcialidad, que la solución dada por Lagrange ponía la discusión sobre la cuerda vibrante mas allá de cualquier duda, añadiendo que todo el mundo debería aceptar el uso de funciones discontinuas (en el sentido del propio Euler) como funciones iniciales.

En una carta remitida a Lagrange el día 23 de octubre de 1759, Euler se expresaba así:

"Estoy encantado de saber que está usted de acuerdo con mi solución, que D'Alembert ha intentado socavar con diversos reparos por la única razón de que no la obtuvo él mismo. Ha amenazado con publicar una refutación de peso; no sé si lo hará realmente; él piensa que podrá engañar a los semicultos con su elocuencia. Dudo que sea serio, a no ser que esté completamente cegado por la egolatría".

El tono empleado por Euler en esta carta, da una idea de lo irreductibles que eran las posiciones de unos y otros sobre esta cuestión.

Por su parte, Bernoulli y D'Alembert enviaron a Lagrange sendas cartas con sus respectivos reparos a algunos de los cálculos por él efectuados. Para responder a las fundadas críticas de los matemáticos citados, el turinés dio una nueva solución al problema de la cuerda vibrante al año siguiente, 1760, mediante cálculos más precisos y reduciendo la resolución de la ecuación en derivadas parciales a la resolución de dos ecuaciones diferenciales ordinarias.

Esta vez, Lagrange expresó la solución general de la ecuación de la cuerda vibrante en la forma

$$y(x,t) = \frac{1}{2}f(x+t) + \frac{1}{2}f(x-t) - \frac{1}{2}\int_0^{x+t} g(x)dx + \frac{1}{2}\int_0^{x-t} g(x)dx$$

siendo $f(x) = y(x,0)$ y $g(x) = \frac{\partial y}{\partial t}$ en $t = 0$, las condiciones iniciales.

En este nuevo trabajo, Lagrange insiste en que no ha efectuado ninguna operación de derivación sobre la función inicial y, por tanto, niega que tal función tenga que ser continua, como pretende D'Alembert, y asegura que funciones no analíticas y no periódicas en $[0,\ell]$ pueden ser admisibles.

Lagrange estuvo a punto de descubrir las famosas series de Fourier, y en la expresión de la solución general parece estar más cerca de Bernoulli que de Euler. Poisson, seguramente basándose en esto, afirmaba que era Lagrange y no Fourier el que tenía el mérito de haber descubierto las famosas series trigonométricas, aunque también es posible que la causa de esta errónea postura, se deba tanto a la admiración que Poisson profesaba a Lagrange como a su rivalidad con Fourier.

Lo más probable es que, la indiscutible autoridad de Euler por una parte, y el respeto que sentía por los trabajos de Maclaurin por otra, le llevaran al prejuicio de que, de la misma manera que una función arbitraria no siempre es desarrollable en serie de potencias, lo mismo tendría que ocurrir respecto de las series trigonométricas.

En todo caso, estaba firmemente convencido de que Euler y él sostenían la postura correcta, y hasta tal punto lo estaba que, muchos años más tarde, en 1807, cuando Jean-Baptiste-Joseph Fourier (1768-1830) presentó su célebre memoria sobre la propagación del calor a la Academia de Ciencias de París, Lagrange, que junto a Laplace y Legendre, había sido designado para juzgar dicha memoria, la tachó de imprecisa y fue rechazada. Afortunadamente, Fourier no se desanimó y en 1811 presentó otra memoria para optar al premio propuesto por la academia sobre la propagación del calor. Cuando en el transcurso de la lectura de la memoria, Fourier afirmó que toda función periódica de período 2π susceptible de ser representada mediante una serie trigonométrica, tal y como había afirmado Bernoulli muchos años antes, Lagrange, que de nuevo formaba parte del tribunal que juzgaba la memoria, se puso de pie de un salto, diciendo:

"¡Eso es imposible, eso es imposible!"

Aunque Fourier fue premiado por la academia, debido a sus resultados físicos, su trabajo no fue publicado debido a "sus errores matemáticos", hasta 1822, cuando Lagrange ya había muerto y Fourier era secretario de la academia.

El debate sobre la cuerda vibrante duró dos décadas más, hasta finales de los años setenta del siglo XVIII, sin que se produjera el menor atisbo de acercamiento entre la postura de Euler y Lagrange, con la de D'Alembert o la de Bernoulli.

Es muy posible que la soberbia personal tuviera bastante que ver con la tozudez mostrada por unos y otros, pero más peso parece tener en la explicación de esta actitud, la falta de rigor de la época en cuestiones como el cálculo de límites, la suma de series infinitas e incluso el concepto mismo de función, que no era igual para unos que para otros.

En todo caso, la controversia sobre la cuerda vibrante resultó muy positiva para Lagrange, ya que le permitió incrementar notablemente su correspondencia con Euler y además establecerla con Bernoulli y D'Alembert. Este último llegaría a ser, con el tiempo, su mejor amigo.

Con sólo 23 años, Lagrange era considerado por sus famosos colegas como uno de sus iguales.

Además de su estudio sobre la cuerda vibrante, en su trabajo *Investigaciones sobre la naturaleza y la propagación del sonido* de 1759, aparece la contribución de Lagrange a las ecuaciones de ondas cilíndricas y esféricas, así llamadas porque tales ondas se propagan como si fueran cilindros o esferas que se expanden.

Lagrange parte en este trabajo de las ecuaciones de ondas bidimensionales y tridimensionales, obtenidas por Euler ese mismo año y remitidas a Lagrange por el propio autor.

Ambos matemáticos trabajaron, independientemente uno del otro, en la obtención de la ecuación fundamental de las ondas cilíndricas, que expresaron de la forma

$$\frac{1}{c^2}\frac{\partial^2 v}{\partial t^2} = \frac{3}{Z}\frac{\partial v}{\partial Z} + \frac{\partial^2 v}{\partial Z^2}$$

siendo $c^2 = 2gh$, v es la divergencia del desplazamiento, $v = \frac{\partial x}{\partial X} + \frac{\partial x}{\partial Y} + \frac{\partial z}{\partial Z}$ donde x, y, z son las amplitudes de onda en las direcciones X, Y, Z, respectivamente, y $Z = \sqrt{X^2 + Y^2}$.

Y análogamente, la ecuación fundamental de las ondas esféricas,

$$\frac{1}{c^2}\frac{\partial^2 v}{\partial t^2} = \frac{4}{V}\frac{\partial v}{\partial V} + \frac{\partial^2 v}{\partial V^2} \text{ donde } V = \sqrt{X^2 + Y^2 + Z^2}.$$

Si bien, no hay diferencias matemáticas de fondo en los trabajos de uno y otro, si aparecen diferencias importantes relativas al método empleado y a la expresión formal. No se debe olvidar que, a pesar de su juventud, Lagrange ya mostraba una elegancia en la forma inigualable, cuestión en la que Euler, tan sobrado de ideas, era bastante descuidado.

Como consecuencia de los resultados teóricos obtenidos sobre la propagación del sonido en el aire, Euler, Bernoulli y Lagrange escribieron posteriormente numerosos artículos sobre los tonos emitidos por diversos instrumentos musicales. Estudiaron los sonidos emitidos por tubos cilíndricos (tubos de órgano, flautas,...), tubos cónicos y en forma de tronco de cono (clarinetes, oboes,...), tubos en forma de hiperboloide (trompas, trompetas,...), etc. Bernoulli, que era además un habilísimo experimentador, comprobó muchos de los resultados obtenidos, experimentalmente. Sin embargo, los estudios realizados en este terreno por Euler y Bernoulli, fueron más extensos e importantes que los efectuados por Lagrange.

Resta decir, que las ecuaciones diferenciales que aparecieron en la resolución de los problemas relativos a los instrumentos musicales, eran en muchos casos ecuaciones en derivadas parciales de tres y cuatro variables, alguna de ellas de grado elevado, cuya integración estaba fuera del alcance de los conocimientos de la época.

Los trabajos de Lagrange sobre la propagación del sonido en el aire, fueron publicados en el Tomo II de *Miscellanea*, y más tarde incorporados a su obra maestra la *Mecánica analítica*.

Los isoperímetros

Entre la abundante correspondencia habida en 1759 entre Euler y Lagrange, figuraba la resolución del célebre problema de los isoperímetros. A Lagrange no le convencía el método utilizado por su ilustre colega para la resolución de dicho problema, ya que Euler había usado recursos analíticos mezclados con consideraciones de índole geométrica, y se propuso mejorar la resolución de Euler, mediante un método genuinamente analítico.

Lagrange hizo llegar a Euler su método de resolución y éste le contestó, en carta fechada el día 2 de octubre de 1759, en los siguientes términos:

"Vuestra resolución del problema de isoperímetros es plenamente satisfactoria, y me alegro mucho de que este tema que yo había estudiado casi en solitario desde los primeros intentos, haya sido llevado precisamente por vos, al grado más elevado de la perfección".

En esa misma carta Euler le comunica que no publicaría su solución hasta que Lagrange hubiera publicado la suya, *"para no privaros de una parte de gloria que os corresponde".*

Cuando el genio suizo publicó su solución, después de haberlo hecho Lagrange, hizo constar expresamente que *"las dificultades hubieran sido insuperables, de no ser porque Lagrange había mostrado la forma de vencerlas"*.

El respeto que había logrado por parte de los matemáticos europeos, con Euler a la cabeza, hizo que su fama aumentara entre la nobleza y las personas ilustradas de Turín, pero las condiciones económicas como profesor de la Real Escuela de Artillería, siguieron siendo las mismas.

En un tiempo record de menos de cinco años desde la aparición de su primer trabajo, Lagrange había logrado situarse entre los mejores matemáticos del mundo y como tal había sido nombrado miembro de la Academia de Ciencias de Berlín. Un éxito tal, no puede lograrse si no se tienen cualidades excepcionales de talento y voluntad.

Desde los 18 años a los 23 que tiene ahora, su dedicación a las matemáticas había sido tan intensa que llegó a ingerir enormes cantidades de té y café para evitar el sueño; esta insana costumbre llegaría a minarle la salud con el paso de los años.

En sus primeros años de trabajo científico, da la impresión de que *escribe para Euler*, pues la mayoría de sus memorias se refieren a problemas que también ocupaban al suizo; se inspira en sus ideas y le comunica las suyas propias, pero cuidando siempre en dejar a salvo su toque personal.

Como resumen de estos primeros cinco años como matemático, podemos decir que su principal aportación consistió en dar al cálculo de variaciones su formulación general, abordándolo de manera puramente analítica, y en aplicar sus métodos analíticos a la mecánica, a la que da una explicación sistemática sustentada en la teoría de las ecuaciones diferenciales.

Lagrange siempre se mostraría orgulloso de estos primeros logros.

Uno de los problemas particulares más importantes que se pueden resolver minimizando integrales dobles del tipo $J=\int\int_R F(x,y,z,p,q)dxdy$, es el que consiste en hallar la superficie

Isoperímetros
La solución de Lagrange

Recordemos que el problema de los isoperímetros es un ejemplo típico de un problema de máximos *que corresponde al cálculo de variaciones, y que puede anunciarse así:*

De todas las curvas cerradas, sin puntos dobles, y que tengan la misma longitud, encontrar aquella que encierre mayor área.

Desde el punto de vista técnico, Lagrange utiliza su método de multiplicadores. Como se sabe, el problema planteado consiste en encontrar un máximo para la integral

$$I=\int ydx$$

con la condición de que la integral

$$K=\int\sqrt{1+y'^2}dx$$

tenga un valor constante.

El problema se reduce a buscar la curva para la cual la variación de la integral

$$\int(y+\lambda\sqrt{1+y'^2})\,dx$$

de área mínima, entre todas las superficies cuyas fronteras están fijadas de antemano.

Por ejemplo, entre todas las superficies limitadas por dos curvas cerradas que no se cortan en el espacio, encontrar la superficie que tenga área mínima. Un caso especial de superficie mínima fue

es nula, es decir,

$$\delta\int(y + \lambda \sqrt{1 + y'^2})dx = 0$$

La ecuación de Euler-Lagrange resultante, es:

$$1 - \frac{d}{dx}\left(\frac{\lambda y'}{\sqrt{1 + y'^2}}\right) = 0$$

Multiplicando esta ecuación por dx e integrando, resulta:

$$\frac{\lambda y'}{\sqrt{1 + y'^2}} = x - a$$

Despejando ahora $y' = \frac{dy}{dx}$ *y separando variables, la ecuación se transforma en:*

$$dy = \frac{(x - a)dx}{\sqrt{\lambda - (x - a)^2}}$$

Que una vez integrada nos da:

$$y - b = -\sqrt{\lambda^2 - (x - a)^2}$$

O bien

$$(x - a)^2 + (y - b)^2 = \lambda^2$$

Así pues, la curva buscada es una circunferencia.

La ecuación de Monge

En 1760, Lagrange abordó problemas relativos al cálculo de variaciones en los cuales la integral que hay que maximizar o minimizar es una integral doble de la forma

$$J = \iint_R F(x,y,z,p,q)dxdy,$$

donde z es una función de x e y, z = z(x, y), $p = \frac{\partial z}{\partial x}$, $q = \frac{\delta z}{\delta y}$ *y siendo R un dominio cerrado del plano xy.*

El problema consiste en encontrar la función z(x,y) que hace máxima o mínima la integral J.

Por un procedimiento similar al que había utilizado para la integral simple, Lagrange obtuvo la ecuación diferencial que debe satisfacer la función z = z (x,y) para hacer mínima la integral

$$J = \iint_R F(x,y,z,p,q)dxdy,$$

Para ello utiliza el hecho de que la primera variación δJ = 0 y con esta condición encuentra la ecuación diferencial $Rr + Ss + Tt = U$ *donde R, S, T y U son funciones de x, y, z, p, q, y además* $r = \frac{\partial^2 z}{\partial x^2}$, $s = \frac{\partial^2 z}{\partial x \partial y}$ *y* $t = \frac{\partial^2 z}{\partial y^2}$

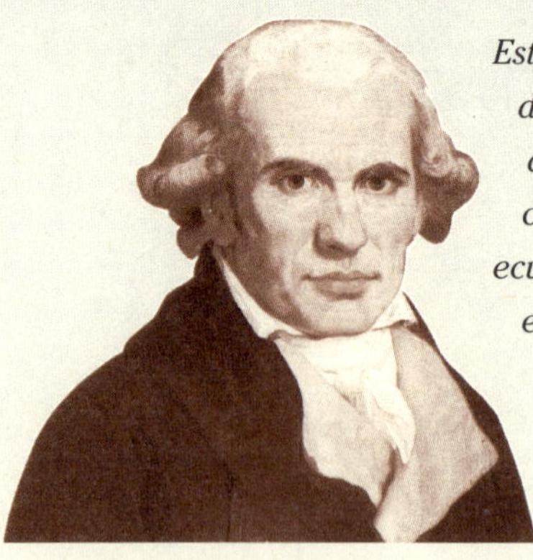

Monge

Esta ecuación diferencial en derivadas parciales de segundo orden es no lineal y se la conoce con el nombre de ecuación de Monge, por ser este gran geómetra el que consiguió su solución general, por primera vez, en un importante artículo publicado en 1795.

resuelto por Euler en 1744; se trata de la superficie limitada por dos círculos paralelos al plano yz y con sus centros sobre el eje OX. Es la superficie mínima de revolución llamada catenoide.

Para el caso general de superficies mínimas, Lagrange se propuso encontrar la superficie z = z(x,y) que minimizara la integral

$$J = \iint_R F(x, y, z, p, q)dxdy = \iint_R \left(\sqrt{1 + p^2 + q^2}\right)dxdy,$$

y después de imponer la condición de que $\delta J = 0$, obtuvo la ecuación

$$(1 + q^2)r - 2pqs + (1 + p^2)t = 0$$

llamada *ecuación de las superficies mínimas de Lagrange*.

La integral general de esta ecuación fue obtenida por primera vez por Monge en 1784, aunque en una forma muy poco apropiada para las aplicaciones. En el siglo XIX, K. Weierstrass y S. Lie dieron soluciones más prácticas y elegantes. Fue un discípulo de Monge, el geómetra francés Jean-Baptiste Meusnier quién, en 1774, demostró que la ecuación diferencial de Lagrange expresaba el hecho de que sobre cualquier punto de la superficie mínima la media de las curvaturas principales, es decir, la curvatura media, es cero, $H = \frac{1}{2}(k_1 + k_2) = 0$.

Lagrange publicó su trabajo pionero sobre superficies mínimas en el Tomo II de la *Miscellanea Taurinensia.*

La teoría de superficies mínimas fue continuada en el siglo XIX por matemáticos tan destacados como O. Bonnet, B. Riemann, K. Weierstrass, H. A. Schwarz, S. Lie y E. Beltrami, entre otros.

Relacionado con la teoría de superficies mínimas iniciada por Lagrange, se encuentra el célebre problema de Plateau, que puede expresarse de la manera siguiente:

Dado un contorno cerrado C en el espacio, construir una porción continua de superficie mínima, limitada por este contorno y sin puntos singulares interiores.

Son bien conocidas las experiencias del físico belga Plateau (*Statique experimentale et théorique des liquides*, 1873), con las cuales resolvió experimentalmente el problema sumergiendo el contorno construido físicamente en un líquido especial; la lámina fluida que queda adherida al contorno se dispone en una superficie mínima.

No se ha logrado aún una solución teórica general al problema de Plateau, sólo en el caso de que el contorno esté formado por segmentos rectilíneos, y en algún otro caso particular, se conocen importantes resultados, debidos a Riemann, Weierstrass y Schwarz y más recientemente a los trabajos realizados por T. Radó, J. Douglas y R. Courant en los años treinta y cuarenta del siglo XX.

Desde 1760 a 1766, año de su marcha a Berlín, Lagrange dedica sus esfuerzos fundamentalmente a dos campos de investigación: la teoría de ecuaciones diferenciales y la mecánica celeste. Pertenece también a la etapa turinesa de Lagrange su contribución a la teoría del potencial.

Respecto al último trabajo mencionado, hay que decir que en él no hay ideas matemáticas originales de Lagrange.

Publicado en 1762, el trabajo consiste en una exposición clara y elegante de las ideas de Euler en mecánica de fluidos, aparecidas en su artículo "Principios del movimiento de fluidos" (1752), publicado diez años atrás.

En este artículo, Euler se había propuesto encontrar la ecuación del flujo uniforme de un fluido ideal. Como se sabe, los movimientos posibles de un fluido se pueden dividir en rotacionales e irrotacionales o potenciales. En la naturaleza, el movimiento de un fluido es siempre más o menos rotacional, pero la experiencia prueba que en muchos casos el movimiento es prácticamente potencial. Además, se puede demostrar teóricamente que si un fluido con viscosidad nula tiene un movimiento inicialmente potencial permanece en ese estado.

Euler comienza afirmando que si p, q y r, son las componentes de la velocidad de una partícula del fluido, entonces la expresión $pdx + qdy + rdz$ es una diferencial exacta. Es decir, existe una función P (x, y, z) tal que: $dP = pdx + qdy + rdz$, en donde

$$p = \frac{\partial P}{\partial x}, \quad q = \frac{\partial P}{\partial y}, \quad r = \frac{\partial P}{\partial z}.$$

La función P(x,y,z) recibe el nombre de *potencial de velocidades*.

Euler hace uso, en este trabajo, de la llamada ley de continuidad de los fluidos incompresibles, que expresa el hecho de que la materia no se crea ni se destruye durante el movimiento, y que matemáticamente se escribe,

$$\frac{\partial p}{\partial x} + \frac{\partial q}{\partial y} + \frac{\partial r}{\partial z} = 0.$$

Euler concluye su importante trabajo, dando la ecuación diferencial llamada *ecuación del potencial de velocidades*,

$$\frac{\partial^2 P}{\partial x^2} + \frac{\partial^2 P}{\partial y^2} + \frac{\partial^2 P}{\partial z^2} = 0.$$

Tanto esta ecuación como su equivalente en coordenadas esféricas aparecen en el artículo original de Euler y en el mejorado de Lagrange.

Veinte años más tarde, en 1782, Laplace parte de esta ecuación sin citar de dónde la ha obtenido, cambiando el potencial de velocidades por el potencial gravitatorio, V (x,y,z), de la fuerza con que un cuerpo cualquiera atrae a una masa puntual exterior, en su célebre memoria dedicada a la atracción de los esferoides y la forma de los planetas.

También utiliza resultados obtenidos por Legendre sobre el mismo tema, en un trabajo inmediatamente anterior al suyo, y al que tampoco cita.

Resulta difícil creer que no conociera los trabajos de Euler y Lagrange, y más difícil todavía que no conociera el de Legendre.

Los defensores de Laplace aducen que esta conducta, recalcitrante en su caso, es debida al hecho de que el gran físico matemático francés, estaba mucho más atento a las aplicaciones prácticas de los resultados matemáticos que a la obtención de los mismos. No parece una razón suficiente y menos tratándose del autor de la *Mecánica celeste*.

En un artículo posterior del propio Laplace, aparece la ecuación del potencial en coordenadas rectangulares,

$$\frac{\partial^2 v}{\partial x^2} + \frac{\partial^2 v}{\partial y^2} + \frac{\partial^2 v}{\partial z^2} = 0.$$

que desde entonces, se conoce con el nombre de *ecuación de Laplace*.

Lagrange y las ecuaciones diferenciales

Digamos, como breve preámbulo, que las ecuaciones diferenciales surgen ya en el último tercio del siglo XVII al aplicar el cálculo infinitesimal a la resolución de los problemas que la física planteaba. Newton, Huygens y los hermanos Bernoulli, entre otros, plantearon y resolvieron ecuaciones diferenciales al tratar problemas como el del péndulo matemático, el movimiento de proyectiles y la elasticidad de los cuerpos.

En la primera mitad del siglo XVIII, y a medida que se va desarrollando el análisis, la resolución de ecuaciones diferenciales es ya una necesidad en cualquier problema de mecánica o astronomía. Pronto se hizo imprescindible un estudio sistemático de las ecuaciones diferenciales, hasta el punto de que dicho estudio se convirtió de inmediato en una nueva disciplina matemática.

Métodos de integración de ecuaciones diferenciales como el de separación de variables, diferenciales exactas, factor integrante, etc, propiciaron que hacia 1740, se conocieran todos los métodos elementales de resolución de ecuaciones diferenciales ordinarias de primer orden. En un importante trabajo publicado en 1743, Euler resuelve de forma completa las ecuaciones ordinarias lineales homogéneas de grado n con coeficientes constantes.

En un trabajo posterior, publicado en 1753, Euler logró encontrar un método satisfactorio para resolver la ecuación diferencial ordinaria lineal de orden n no homogénea; en esencia, su método consistía en multiplicar la ecuación por el factor e^{ax}, integrar ambos miembros de la ecuación y tras determinar a, se puede reducir la ecuación a una de orden inferior.

Correspondería a Lagrange dar el paso siguiente. Siguiendo las pautas señaladas por Euler para tratar las ecuaciones lineales con coeficientes constantes, Lagrange se propuso estudiar el caso de las ecuaciones con coeficientes variables.

El teorema de la adjunta apareció también en un artículo de Euler publicado años más tarde, en 1778; es seguro que había conocido el trabajo anterior de Lagrange, pero lo había olvidado.

En trabajos posteriores referidos al estudio de las ecuaciones homogéneas con coeficientes variables, Lagrange extendió a estas ecuaciones resultados que Euler había logrado para las ecuaciones con coeficientes constantes. Así, descubrió que la solución general de una ecuación ordinaria homogénea con coeficientes variables es una suma de soluciones particulares independientes, cada una de ellas multiplicada por una constante arbitraria; además encontró que conociendo h integrales particulares de una ecuación homogénea con coeficientes variables de orden n, se puede reducir el orden de dicha ecuación en h unidades.

Unos diez años más tarde, y ya durante su estancia en Berlín, Lagrange se ocupó del estudio sistemático de la obtención de soluciones singulares de las ecuaciones diferenciales de primer orden, así como de la obtención de un método, *método de variación de constantes*, para el cálculo de integrales particulares en las ecuaciones ordinarias de orden superior. En su momento nos ocuparemos de ello.

En cuanto a las ecuaciones en derivadas parciales, no efectuó ningún estudio general y sistemático de ellas durante su estancia en Turín.

Se limitó a integrar aquellas ecuaciones que se le presentaban, de manera más o menos ingeniosa, pero sin aportar un método general que fuera válido para un número significativo de ecuaciones en derivadas parciales. Este estudio general de dichas ecuaciones también lo acometería en su etapa berlinesa.

El segundo trabajo importante de los ya mencionados, consistía de dos importantes artículos sobre mecánica celeste, en los que Lagrange aplica la ley de gravitación universal a la resolución

El método de Lagrange para la ecuación lineal de grado n

Aunque Lagrange parte de la ecuación lineal de grado n

$$Ay + B\frac{dy}{dt} + C\frac{d^2y}{dt^2} + \ldots\ldots\ldots + Z\frac{d^ny}{dt^n} = W$$

donde A, B, C,......,Z y W son funciones de t, nosotros nos limitaremos a las ecuaciones de segundo orden para ilustrar su método.

Multiplica la ecuación por el factor integrante z(t) dt, donde z(t) es una función a determinar y a continuación utiliza la integración por partes en el segundo y tercer términos de la ecuación:

$$\int Bzy'dt = Bzy - \int (Bz)'\, ydt$$

$$\int Czy''dt = Czy' - (Cz)'y + \int (Cz)''\, ydt$$

parcial de dos problemas concretos que le reportarían sendos premios de la Academia de Ciencias de París.

El primer artículo daba una explicación clara sobre el fenómeno conocido como las libraciones de la Luna y fue premiado en 1764.

El premio había sido convocado en 1762 y, aunque se daban dos años de plazo para la resolución del problema planteado, Lagrange presentó su solución con un año de antelación.

El problema se inscribía dentro del llamado problema de los tres cuerpos (sistema Sol-Tierra-Luna) y perteneciente al capítulo del estudio de las perturbaciones que se producen en el movi-

Sustituyendo en la ecuación y ordenando, la ecuación inicial se convierte en:

$$y[Bz - (Cz)']y'(Cz) + \int [Az - (Bz)' + (Cz)'']ydt = \int Wzdt.$$

Ahora bien, el corchete que aparece dentro de la integral se puede tratar como una ecuación diferencial ordinaria en z de segundo orden, si lo igualamos a 0.

Si esta ecuación, llamada ecuación adjunta de Lagrange, se puede integrar respecto a z(t), nos quedaría una ecuación diferencial ordinaria de orden inferior al de la ecuación inicial.

Para resolver la ecuación adjunta, Lagrange procede del mismo modo que anteriormente; multiplica por un factor w(t)dt y, efectuando las operaciones que antes había utilizado, llega a una ecuación en w(t) que permite reducir el orden de la ecuación en z(t). La ecuación en w(t), resulta ser la ecuación homogénea de la ecuación inicial.

De esta manera, Lagrange descubrió el teorema que afirma que "la adjunta de la adjunta de la ecuación diferencial ordinaria inicial, es la ecuación homogénea asociada a la inicial".

miento de un astro debidas a la atracción de otros cuerpos celestes.

En su trabajo, Lagrange dio una explicación satisfactoria de la igualdad entre los movimientos medios de rotación y de traslación, pero no logró dar una explicación completa para la igualdad entre el movimiento de los nodos del ecuador lunar y el movi-

La libración lunar

La Luna no siempre presenta exactamente el mismo hemisferio hacia la Tierra, siendo que la rotación sobre sí misma y su traslación alrededor de la Tierra tienen igual promedio de duración. A la ligera oscilación, percibida desde la Tierra, del globo lunar respecto a su eje, se le llama libración de la Luna.

Este fenómeno se debe a la combinación de dos fenómenos distintos llamados libración aparente y libración física. La libración aparente, consiste en un conjunto de fenómenos cinemáticos que se deben a la excentricidad de la órbita lunar (libración en longitud), a la inclinación del eje de la Luna respecto a su plano orbital, ya que el eje no es perpendicular a dicho plano, $\alpha = 83°19'$ *(libración en latitud) y por último, al movimiento del propio observador como consecuencia de la rotación de la Tierra (libración diurna).*

La libración física consiste en una oscilación real del globo lunar con respecto a su posición media con la Tierra y se debe a que la Luna no es esférica.

La libración total resultante de la libración aparente y la libración física, permite observar desde la Tierra aproximadamente el 59% de la superficie lunar.

miento de los nodos de la órbita de la Luna sobre la eclíptica. Fue en 1780, ya en Berlín, cuando Lagrange dio una solución más satisfactoria a esta última cuestión.

En este trabajo de 1764, que le sirvió para obtener por primera vez el premio de la Academia de Ciencias de París, Lagrange utiliza por primera vez el llamado *principio de las velocidades virtuales*, que tiene la ventaja sobre el principio de mínima acción de contener a éste y al mismo tiempo al teorema de las fuerzas vivas. En adelante, Lagrange hará del principio de las velocidades virtuales uno de los pilares de su monumental obra en mecánica clásica, la *Mecánica analítica*.

Poco después de recibir este premio de la Academia de Ciencias de París, el matemático de Turín se dispuso a realizar su primer viaje a un país extranjero. Era la primera vez que se permitía un breve descanso, tras más de diez años de frenético trabajo en pro de la ciencia.

El rey de Cerdeña, deseoso de estar a la altura de otros monarcas ilustrados más poderosos que él, en la protección de sus sabios, se mostró dispuesto a sufragar los gastos del viaje de Lagrange a París y Londres.

Se aprovechó la ocasión de que el embajador del reino de Nápoles en Turín, Marqués de Caraccioli, había sido nombrado embajador en Londres, para incluir a Lagrange en su séquito.

Cuando Lagrange llegó a París, fue agasajado por los más eminentes matemáticos y filósofos franceses, entre los que se encontraban Voltaire, Diderot, Clairaut y el joven Condorcet. También conoció en París al inquieto e influyente abate Marie quien, muchos años más tarde, sería decisivo en la publicación de la *Mecánica analítica*.

Sin embargo, lo que más agradó a Lagrange fue conocer personalmente a uno de los hombres con el que había mantenido frecuente correspondencia unos años atrás, con motivo de la controversia sobre la cuerda vibrante, nos referimos a D'Alembert.

Entre los dos hombres surgió una sólida amistad, que duraría hasta la muerte del matemático y enciclopedista francés. De hecho, D'Alembert fue el más devoto admirador de Lagrange y, con Euler, su valedor más entusiasta.

Contaba 28 años cuando llegó a París y había alcanzado bastante notoriedad dentro del reducido mundo científico, pero carecía de la más mínima proyección social.

Llegado del pequeño y cerrado mundo de la burguesía turinesa, se encontró de repente entre lo más florido de la Ilustración francesa, cuya creciente influencia no conocía fronteras en todo el continente europeo.

Pero, si había contado con la inestimable ayuda del todopoderoso Euler en sus primeros pasos como matemático, también tuvo valedores de peso a la hora de relacionarse con el sector más pujante e innovador del pensamiento burgués.

Además de D'Alembert, a la sazón secretario perpetuo de la Academia de Ciencias de París, contaba con la ayuda de Caraccioli que era un noble ilustrado muy bien relacionado con Voltaire, Diderot y otros filósofos y escritores franceses de la época, siendo él mismo un político de relieve en el agitado panorama europeo de entonces.

Como dato ilustrativo de la relevancia del personaje, digamos que Domenico Caraccioli (nacido en Malpartida de la Serena, Badajoz) gozaba de la entera confianza de rey Fernando IV de Nápoles y de su padre Carlos III de España, como prueba el hecho de que se le encomendara la embajada de Londres, en unos momentos de guerras intermitentes con Inglaterra. Este amigo de Lagrange llegó a ser ministro de Asuntos Exteriores de Nápoles primero y virrey de Sicilia después.

Prácticamente, todas las personalidades con las que Lagrange se relacionó en París, eran de una generación anterior a la suya; muchos de esos hombres tenían una importante proyección social y política y frecuentaban las cortes más poderosas de Europa: Voltaire y Diderot habían tenido cierta influencia en las cortes de Berlín y San Petersburgo y D'Alembert era, en esa época, uno de los consejeros filosóficos de Federico II de Prusia.

Todo esto resultó de utilidad para el joven Lagrange, del que ya podemos decir que a lo largo de toda su vida, siempre encontró personas influyentes que le prestaron apoyo social y económico y, en parte debido a esto, fue uno de los matemáticos de más éxito de la Historia.

Si recibió ayuda y reconocimiento por parte de las personalidades que le trataron, se debe a que los rasgos de su personalidad lo propiciaban.

Lagrange era un hombre austero, amable y apacible. Aunque no era amigo de las controversias políticas o sociales, y menos aún de las religiosas, cuando no tenía mas remedio que entrar en ellas, solía utilizar un tono irónico en sus argumentaciones que jamás traspasaba los límites del respeto debido a su oponente. Este rasgo de su carácter le permitió mantener buenas relaciones e incluso la amistad con personas de talante revolucionario o cuando menos avanzado para la época, siendo él personalmente conservador.

De vida tranquila y ordenada, no era amigo de la pompa y el boato de las ceremonias, pero sabía adaptarse cuando la ocasión lo requería y esta astuta flexibilidad de su carácter resultó provechosa para sus intereses.

Las personas que le trataron, coinciden en señalar a Lagrange como un gran hombre y una buena persona.

Sin embargo, no todo le salió bien en París. Lagrange estaba habituado a trabajar sin descanso y como consecuencia de ello sus hábitos alimenticios eran por aquel entonces, verdaderamente nefastos; además de ingerir, como ya se ha dicho, grandes cantidades de té y café para combatir el sueño, su desorden en las comidas era considerable y estas malas costumbres alimenticias le pasaron factura tras unos cuantos banquetes, dados en su honor, y en los que pudo degustar los platos de la más que notable cocina francesa.

Lagrange tuvo un cólico biliar y debido a esto no pudo acompañar a Londres a su ya amigo el marqués de Caraccioli. Se quedó en París, donde D'Alembert se encargó de que estuviera bien atendido mientras se encontraba enfermo. El propio D'Alembert le reprochó sus malos hábitos alimenticios y le regaló un libro de medicina que trataba de las enfermedades de los estudiosos. En la abundante correspondencia que los dos matemáticos mantuvieron hasta la muerte de D'Alembert, este recuerda en muchas ocasiones a Lagrange que cuide su salud.

A pesar de que el trato que le dispensaron sus colegas no pudo ser más amable y afectuoso, D'Alembert no estaba satisfecho y lamentaba que un matemático tan excelente como Lagrange no hubiera sido recibido con más honores.

A este respecto escribía: "El señor de La Grange, es un joven geómetra de Turín, que estará aquí con nosotros seis semanas. Ahora se encuentra seriamente enfermo y necesita, no ayuda financiera, ya que ésta se la dispensa el marqués de Caraccioli que se dirige a Inglaterra, pero si más signos de interés que los que se le dispensan en su Turín natal. En Turín poseen un tesoro cuyo valor no es quizá bien conocido".

Una vez repuesto de su dolencia, Lagrange abandonó París camino de Turín, pasando por Ginebra.

Llegó a Turín a principios del año 1765, para continuar con sus clases en la Academia de Artillería y sus investigaciones. Poco después se enteró que la Academia de Ciencias de París había acordado establecer otro premio para el mejor trabajo de mecánica celeste relativo al cálculo de las órbitas de los satélites de Júpiter. Es más que posible que detrás de la convocatoria de este premio, estuvieran las intenciones del *secretario perpetuo* de aumentar la gloria de Lagrange, en la esperanza de que fuera éste el ganador del premio, como ocurrió finalmente.

El problema planteado por la Academia de París se inscribía dentro del llamado problema de los n cuerpos, para n = 6, ya que en aquel momento sólo se conocían cuatro satélites de Júpiter, los cuatro de mayor tamaño: Io, Europa, Ganímedes y Calixto, a los que se les llama satélites galileanos porque fueron descubiertos por Galileo en 1610. Hoy se conocen una veintena de satélites de Júpiter, la mayor parte de ellos de pequeño tamaño y que son asteroides atrapados por la atracción de Júpiter, debido a la gran masa del planeta.

El sistema gravitatorio formado por Júpiter y sus satélites puede tomarse como un modelo en miniatura del sistema solar y de ahí la importancia del trabajo realizado por Lagrange al estudiar las órbitas de las lunas de Júpiter y las perturbaciones apreciadas en sus movimientos. Debemos apresurarnos a decir que la solución general al problema de los n cuerpos o masas gravitatorias para n = 6 está muy lejos de estar resuelta, incluso para n = 3 no se conoce la solución general, pero si hay soluciones particulares muy interesantes encontradas por el propio Lagrange algunos años más tarde. Hablaremos de esta cuestión más adelante.

Digamos por el momento, que de los cinco premios de la Academia de Ciencias de París otorgados a Lagrange, dos en su etapa turinesa y los otros tres durante su estancia en Berlín, los cinco correspondían a trabajos de mecánica celeste lo que se explica en buena medida, por la enorme popularidad, e importancia claro está, que adquirió el conocimiento de los movimientos de los astros tras el descubrimiento por parte de Newton de la ley de gravitación universal.

Este segundo gran premio concedido a Lagrange en 1766, lo recibió éste cuando la estancia en su Turín natal estaba tocando a su fin, y su vida iba a experimentar un profundo cambio en el aspecto social.

Tanto el trabajo sobre ecuaciones diferenciales ordinarias con coeficientes variables, como los dos trabajos premiados de mecánica celeste, fueron publicados por Lagrange en el Tomo III de *Miscellanea Taurinensia*.

A principios de 1766, Lagrange se enteró por una carta remitida por su amigo D'Alembert, que las relaciones entre el rey Federico y Euler se habían deteriorado desde hacía algún tiempo y que el propio rey le había propuesto a D'Alembert sustituir a Euler en la dirección de la sección de matemáticas de la Academia de Ciencias de Berlín.

Lagrange supo también que D'Alembert, a pesar de las diferencias que mantenía con Euler en materia filosófica y religiosa, amén de la rivalidad como matemático, había declinado la oferta del *rey filósofo* con el argumento de que nadie podía estar por encima del sabio suizo en puestos relacionados con el saber matemático.

Federico II *el grande* (1712-1786), rey de Prusia. Óleo de 1781 de Anton Graff (Palacio de Sans Souci, Potsdam).

Además, su amigo le comunicó que le había hablado de él al rey, quién estaba dispuesto a nombrar a Lagrange director de la sección de matemáticas, en sustitución de Euler.

¡Euler destituido y él promovido al puesto de su maestro!

Cabe imaginarse las cosas que pasaron por la cabeza de Lagrange en ese momento; por una parte se le presentaba la posibilidad de dar un salto decisivo en su carrera matemática, salir del aislamiento en el que estaba y poder trabajar al lado de matemáticos de primera fila en una de las tres academias más importantes del mundo y con una condiciones económicas incomparablemente mejores que las de un modesto profesor de la Escuela de Artillería... pero se trataba de Euler, el hombre que, junto con Arquímedes y Newton, fue unos de sus verdaderos ídolos durante toda su vida.

Con exquisita cortesía rechazó la oferta que se le hacía, como correspondía por honradez y por agradecimiento al hombre que le había reconocido sus méritos cuando Lagrange más lo necesitaba.

En la carta de contestación a D'Alembert hay una frase que aclara uno de los rasgos de su carácter, la astucia para defender sus intereses sin herir a los demás. ¡Tener a Euler como subordinado le parecía injusto, pero además no le convenía! La frase dice así:

"Me parece que no sería deseable ir a Berlín por el momento, Monsieur Euler está allí".

En todo caso la decisión de Lagrange resultó ser la mejor, tanto en su aspecto ético como en el terreno práctico.

Los acontecimientos que iban a suceder en los meses siguientes, premiarían su decisión.

Pocas semanas más tarde, Euler que estaba al tanto de todo lo que estaba pasando, presentó, ¡por tercera vez!, su dimisión al rey, no sin antes recomendar a Lagrange para su puesto. Después se marcho a San Petersburgo, poniendo fin a 25 años de estancia en Berlín.

En el mes de marzo de 1766, D'Alembert puso a Lagrange al tanto de las novedades que se habían producido en Berlín, y esta vez le insistió en que aceptara el puesto que de nuevo, se le ofrecía.

Los detalles de la generosa oferta económica fueron remitidos a Lagrange, en el mes de abril, por el propio Federico el Grande a través del rey de Cerdeña y Lagrange aceptó finalmente el puesto.

En el mes de agosto, abandonó su Turín natal y después de visitar a D'Alembert en París y a Caraccioli en Londres, embarcó para Hamburgo llegando a Berlín en el mes de octubre. El día 6 de noviembre de 1766 toma posesión de su cargo en la Academia.

3 La etapa berlinesa

"El rey más grande de Europa debe tener en su corte al matemático más grande".

Con esta *modesta* frase, muy en el estilo del rey Federico, era recibido Lagrange a su llegada a Berlín.

Por muy agradable que fuera la frase a los oídos de Lagrange, éste no se entusiasmaba fácilmente. Es cierto que la alegría de Federico era sincera y que tenía que agradecerle al rey la generosa recompensa económica y el gran impulso que su posición social acababa de recibir, pero Lagrange no era un ingenuo y sabía que tanto entusiasmo tenía bastante que ver con el hecho de que el rey de Prusia había logrado sustituir a Euler por el mejor sustituto posible y así paliar, en parte, la frustración que le producía el que Euler fuera recibido en la corte rival de Catalina II de Rusia con los brazos abiertos.

Además, seguramente, conocía los términos con los que Federico agradecía a D'Alembert su mediación en el asunto: *"Gracias a vuestros desvelos y a vuestra recomendación* –escribía el rey– *he podido reemplazar en mi Academia, a un matemático tuerto por un matemático con dos ojos, que será especialmente bien recibido en la Sección Anatómica".*

Estas hirientes frases, escritas cuando Euler había perdido la vista de un ojo y poco antes de quedarse completamente ciego, tuvieron que resultarle muy duras a Lagrange y ni siquiera se pueden justificar por el berrinche momentáneo del rey.

Siendo el más joven de los grandes matemáticos y con una experiencia cortesana prácticamente nula, Lagrange no tuvo más remedio que recurrir a su astucia natural para afrontar la nueva situación. Seguramente pasó revista mental a las causas que habían producido esas diferencias insuperables entre el rey de Prusia y Euler, con el fin de poder evitar que la historia se repitiera, ahora con él de protagonista.

Lagrange recordaba que Euler había llegado a Berlín en 1741, procedente de la Academia de Ciencias de San Petersburgo, apenas un año después de que Federico II accediera al trono.

El rey, que había sido educado *a la moda francesa* por orden de su padre Federico Guillermo I, enseguida se sintió atraído por las ideas de los filósofos y escritores de la Ilustración. Hombres como Voltaire, Diderot y D'Alembert mantenían correspondencia frecuente con él, y en ocasiones fueron sus huéspedes en la corte.

Su gusto *por lo francés* lo manifestaba, entre otras cosas, por la imposición del idioma francés en las sesiones de la Academia.

En numerosas tertulias de la corte coincidieron, Diderot primero, y Voltaire después, con Euler. Las posturas filosóficas de los dos ilustrados franceses eran diametralmente opuestas a las del matemático suizo.

La profunda fe religiosa de éste chocaba frontalmente con las nuevas ideas de los ilustrados, que Federico compartía.

A Euler nunca le importó mucho la filosofía. Cuando en algunos de los combates dialécticos era *pillado* en alguna contradicción, lejos de molestarse e intentar mejorar su discurso, solía reírse de sí mismo al tiempo que lo hacían los demás. Diderot nunca se aprovechó de esto, pero Voltaire no dejaba pasar la ocasión para susurrarle al rey, a espaldas de Euler, que *"como el señor Euler no está versado en filosofía, se ha pasado varios años haciendo cálculos"*.

La postura de Euler irritaba a Federico, sobre todo porque consideraba que era debida a la tozudez del suizo.

El rey estaba más o menos versado en filosofía, si bien en matemáticas no pasaba de lo meramente funcional para la época; en todo caso era un hombre culto e inteligente.

Para aquellos que pudieran pensar que Federico II admiraba más la *brillantez* de los filósofos que los cálculos de Euler, hay que recordarles que en cierta ocasión el rey confesó a uno de sus ministros: *"me aprovecharé de M. Voltaire algún tiempo más y después lo arrojaré como un limón exprimido"*. Cuando después de una estancia de tres años en la corte despidió a Voltaire se permitió la gracia de llamarle *"el bufón mejor pagado de Europa"*. Euler permanecería en Berlín 25 años y tuvo que presentar su dimisión hasta tres veces, antes de serle aceptada.

En todo caso, no era la profunda religiosidad de Euler lo único que molestaba al rey. Euler nunca hizo nada por disimular lo mucho que le aburría el ceremonial de la corte; sus toscos ademanes, su conversación escasa y un tanto cortante y su humilde indumentaria, a veces inapropiada, irritaban a Federico II.

Además es muy posible que existiera otro motivo, de carácter político, que contribuyera a incrementar las diferencias entre Euler y el rey durante su estancia en Berlín: Euler no había dejado de percibir la pensión de la Academia de San Petersburgo, academia a la que seguía enviando trabajos y en la que tenía buenos amigos. De hecho, Euler consideraba a Rusia como su patria de adopción.

Esto no debía hacerle mucha gracia al rey Federico, ya que precisamente con Rusia y Austria había sostenido una larga contienda, que estuvo a punto de acabar con Prusia como nación, nos referimos a la llamada Guerra de los Siete Años (1756-1763).

En veinticinco años de permanencia en Berlín, Euler no varió su conducta y el rey, acostumbrado a la adulación, poco a poco se fue distanciando de su *"cíclope suizo"*, tal como solía referirse a Euler en sus conversaciones y en su correspondencia con los filósofos franceses y otros dignatarios de su corte.

A pesar de la dureza verbal empleada por el rey de Prusia al referirse a Euler, Federico sabía del enorme talento que aquél tenía y por eso le encargaba trabajos de gran importancia relativos a la administración del estado y a las obras públicas, tales como acuñación de moneda, creación de loterías, un régimen de seguros para un sistema de pensiones, conducciones de agua, construcciones de canales de navegación y explotación de minas, entre otros, por los que Euler era generosamente remunerado. Es cierto que por sus trabajos matemáticos nunca recibió remuneración alguna, pero esto es comprensible, hasta cierto punto, si se tiene en cuenta el espíritu práctico del rey y sus nulos conocimientos de matemática superior.

Todo esto lo tuvo muy en cuenta Lagrange a su llegada a Berlín. Afortunadamente para él, el Federico II que le recibe es un rey más tranquilo y seguro, Prusia es ya una gran potencia europea, aunque también más triste y escéptico.

Lagrange contaba con la ventaja de estar mucho más versado que Euler en filosofía y además estaba al tanto de las nuevas corrientes del pensamiento ilustrado, como le demostró al rey en sus primeras conversaciones; además, su postura agnóstica en lo religioso y cierta antipatía respecto de la Compañía de Jesús, le granjearon la inmediata simpatía del monarca.

Por otra parte, sus ademanes correctos y hasta elegantes dentro de su natural modestia y sobriedad, amén de su exquisita amabilidad, convencieron a Federico de que, al menos en lo relativo al protocolo, el cambio de un matemático por el otro le había resultado beneficioso.

Lagrange sabía de la afición del rey a la música, así como de sus notables dotes musicales y por eso acudía a los conciertos que frecuentemente se daban en la corte. En varias ocasiones vieron a Lagrange como en éxtasis escuchando el concierto, por lo que se pensaba que era un melómano, sin embargo la realidad era bastante más prosaica, tal y como el propio Lagrange reconocería años más tarde:

> *"Asistía a los conciertos con frecuencia; cuando la música comienza se acaban las conversaciones y así suelo escuchar los primeros compases, después me sumerjo en mis reflexiones y ya no escucho nada. Alguno de mis mejores resultados los he logrado de esta manera".*

Bien está si era por eso, porque hay que recordar que entre los músicos que coincidieron con Lagrange en Berlín estaban, nada menos, que los dos hijos mayores de Bach, Wilhelm Friedemann Bach y Karl Philipp Emanuel Bach.

A diferencia de Euler, que solía meterse en una controversia filosófica tras otra, de las que no salía muy bien parado, Lagrange trataba de evitar todo tipo de controversias de índole filosófica, política o religiosa ya que su natural prudencia y astucia le hacían ver que ese tipo de debates creaban con frecuencia enemistades.

Sin embargo, cuando alguno de sus principios se ponían en cuestión después de la dulcificadora muletilla "yo no sé", argumentaba sus razones con notable eficacia, dentro siempre del respeto personal por su interlocutor.

Este desapasionamiento por los temas habituales en las tertulias de la corte, en una época de gran efervescencia política y religiosa, hicieron decir en más de una ocasión al fogoso rey de Prusia: "M. Lagrange parece un filósofo anodino".

La moderación de que Lagrange hacía gala en el trato personal podría entenderse simplemente como una buena táctica para no dañar sus intereses pero, a la vista de algunas cartas privadas dirigidas a sus amigos, parece que hay además convicciones profundas acerca de la naturaleza humana que le hacen relativizar, en gran medida, el entusiasmo mostrado por muchos de sus interlocutores y amigos acerca de las expectativas de mejora en las relaciones individuales y sociales.

En una carta a su amigo D'Alembert se puede leer:

"He observado siempre que las pretensiones de las gentes están exactamente en relación inversa a sus méritos; éste es uno de los axiomas morales".

Por contra, cuando Lagrange tiene que criticar algún trabajo científico de un colega, suele expresarse con total crudeza, mostrando así donde estaba el verdadero centro de su interés intelectual.

Respecto a su actividad profesional, debemos señalar que fue recibido con cierto recelo por los matemáticos que iban a trabajar bajo su dirección, casi todos ellos mayores que él.

Sin embargo, su amabilidad natural, su modestia y su tacto personal enseguida le granjearon la amistad de los competentes matemáticos Johann Heinrich Lambert (1728-1777) y Johann III Bernoulli (1744-1807). Por el contrario, no puede evitar la sorda hostilidad que le profesa el mediocre matemático Gianni Francesco Salvemini Castiglione (1709-1791), quién reprocha a la academia que se prefiera para el cargo de director de la sección de matemáticas a un joven colega que "podría ser su hijo".

En todo caso, pronto se hizo dueño de la situación y comenzó a ejercer sus funciones como director de la sección de matemáticas de la academia. Estas funciones consistían en la lectura de una memoria mensual, a veces publicada en el *Recueil de*

Lagrange, D'Alembert y Euler

En comparación con sus dos colegas y amigos D'Alembert y Euler, se puede decir que Lagrange es más escéptico que ellos; carece de la fe religiosa de Euler y critica lo que para él es una postura vital ingenua la que aquél mantiene, como consecuencia de esa fe. Así, se puede leer en una de sus cartas a D'Alembert: "Nuestro amigo Euler es un gran matemático, pero es un filósofo bastante malo".

En una carta posterior remitida al mismo destinatario hace referencia a los consejos moralizadores de Euler a la princesa de Anhalt-Dessau, sobrina de Federico II, en sus Cartas a una princesa alemana. *Lagrange califica estos consejos como* "el comentario de Euler sobre el Apocalipsis", *en referencia irónica a la obra de Newton* Observaciones sobre las profecías de Daniel y el Apocalipsis de San Juan, *escrita en los periodos de tiempo en que el genio inglés abandonaba la filosofía natural para dedicar sus esfuerzos a la alquimia y la teología. Más adelante en esa misma carta se puede leer:* "Es increíble que Euler pueda ser tan mentecato e infantil en metafísica".

Con D'Alembert discrepaba en el optimismo que éste mostraba respecto al progreso moral del hombre como consecuencia de la mejora de las estructuras sociales. En este aspecto y en referencia a los tiempos que vivía, se podría afirmar que Lagrange era bastante conservador.

Estos rasgos de su personalidad, perfectamente asentados a su llegada a Berlín, permanecieron inalterables durante toda su vida y le permitieron adaptarse relativamente bien, a las situaciones políticas muy delicadas que tuvo que afrontar en su larga existencia.

l'Académie (*Compendio de la Academia*), y en la dirección de los trabajos matemáticos a realizar en la academia.

Sin embargo no tenía ninguna obligación docente, lo que sin duda le resultó favorable, pues en este periodo la producción matemática de Lagrange fue verdaderamente prodigiosa, llegando a publicar mas de ciento cincuenta memorias, sesenta y tres de las cuales fueron publicadas en el *Recueil de l'Académie.*

En cuanto a la situación material, hay que decir que era muy buena, y sin comparación posible con la que había tenido en Turín. De hecho, no intentó nunca mejorarla en los más de veinte años que permaneció en Berlín; la ambición por el dinero no parece que fuera una de las debilidades de Lagrange y su proverbial austeridad reducía al mínimo sus necesidades monetarias.

A los once meses de su llegada a Berlín, Lagrange tomó una decisión un tanto inesperada, al menos para sus amigos. Viendo que todos sus colegas de la academia estaban ya casados y encontrándose quizá un poco sólo, decidió casarse.

En septiembre de 1767 tomó por esposa a una prima suya que residía en Turín, Vittoria Conti, que acababa de llegar a Berlín para visitarlo. Esta señora había residido durante un tiempo en casa de los padres de Lagrange y éste solía meterse con ella a causa de la devoción que la muchacha sentía por los vestidos, reprochándole la liberalidad con que gastaba el dinero en tal menester. Seguramente tales reproches no eran más que maniobras de aproximación ya que la conducta de la chica era la más natural del mundo. Lo más probable, era una vez más lo más sencillo: su prima le gustaba.

Hay quién piensa sin embargo, que el matrimonio de Lagrange fue únicamente un matrimonio de conveniencia, como eran la mayoría en aquella época, a tenor de la aparente frialdad con que Lagrange se refiere a su primer enlace. En efecto, cuando D'Alembert le reprocha mediante una carta que ha tenido que enterarse por otros de su boda, y entre otras cosas le filosofa en broma: "*Comprendo que habéis dado lo que nosotros los filósofos llamamos el fatal tropiezo... Un gran matemático debe conocer todas las cosas para calcular su felicidad. No hay duda de que después de haber realizado estos cálculos encontraréis la solución en el matrimonio*".

La contestación a esta afectuosa y sensata carta de su amigo, hay que reconocer que es de una frialdad sorprendente, al menos en la forma.

Así se expresa en su carta de contestación, Lagrange:

> *"No sé si he calculado bien o mal, más bien creo que no he hecho ningún cálculo; si como Leibniz me hubiera visto obligado a reflexionar, nunca hubiera podido acomodar mi mente a esa idea. Confieso que jamás he tenido inclinación por el matrimonio... pero las circunstancias me han decidido a elegir a una de mis jóvenes parientas para que cuide de mi y de mis asuntos. Si me he olvidado de informaros ha sido porque todo ello me parecía tan falto de importancia que no era digno de que me tomara la molestia de hacerlo".*

La indiferencia que muestran estas líneas no se parecen mucho a las manifestaciones que cabe esperar en un joven marido enamorado, pero a pesar de todo el matrimonio de Lagrange fue dichoso. Es posible, que su esposa supiera ganarse el amor de Lagrange poco a poco, pues él reconoció en otras cartas personales a sus amigos encontrarse muy a gusto con ella, de la que alababa su competencia como ama de casa y sus escasas pretensiones intelectuales.

En todo caso, en Berlín pudo llevar una vida apacible y sosegada, tal y como él deseaba, completamente entregado a su trabajo científico. Por consejo de Federico II se propuso un plan de trabajo consistente en fijar los problemas que acometería cada día y el número de horas que dedicaría al trabajo diariamente;

además de esto se impuso un régimen alimenticio, más que nada basado en el respeto escrupuloso al horario de comidas. Este cambio en los hábitos de vida, lejos del trabajo desordenado y extenuante que había llevado en Turín, pronto dio sus frutos.

Como ya se ha indicado, su producción científica en Berlín fue colosal; sus más de ciento cincuenta memorias abarcan prácticamente todas las ramas de las matemáticas conocidas hasta entonces. Hacer mención, incluso breve, de todas ellas sería una tarea que excede de los propósitos de este libro.

Nos conformaremos con señalar los resultados más notables de Lagrange en teoría de números, álgebra, análisis, mecánica celeste y astronomía y algún trabajo sobre mecánica de fluidos y cálculo de probabilidades. También en Berlín escribió Lagrange el manuscrito de su obra maestra *Mecánica analítica* que se publicaría años más tarde en París.

Lagrange y la teoría de números

Empecemos por reseñar las contribuciones más importantes de Lagrange a la teoría de números, logradas entre 1767 y 1777.

El primer trabajo sobre este tema fue un artículo titulado "Sobre la solución de problemas indeterminados de segundo grado", escrito para la revista *Mémoires de Berlín* en 1767 y publicado en 1769; en este artículo, en el que cita abundantemente a su predecesor Euler y en el que señala que utiliza el "criterio de Euler", Lagrange ataca un viejo problema conocido como *ecuación de Fermat* o *ecuación de Pell* (denominación de Euler). Mediante el algoritmo de las fracciones continuas, Lagrange demuestra la resolubilidad en todos los casos de la ecuación de Pell

$$x^2 - Ay^2 = 1$$

donde x, A e y son números enteros positivos, A no es un cuadrado perfecto e y es distinto de cero.

Lagrange resolvía así un problema que se le había resistido al propio Euler.

Aún así, Lagrange elogia en este artículo los esfuerzos encomiables de Euler que le fueron de gran utilidad en la solución definitiva a la ecuación de Pell.

Un año más tarde, Lagrange desarrolló un método completamente diferente para la resolución de la ecuación de Fermat.

El 20 de septiembre de 1768 envía el primer artículo citado para su inclusión en el Tomo IV de *Miscellanea Taurinensia*, con el título de "Solución de un problema de aritmética" aunque por una serie de circunstancias no aparecería publicado hasta octubre de 1773.

En agosto de 1770 Lagrange le comunicó a su amigo D'Alembert la aparición de la edición alemana de la célebre obra de Euler *Álgebra*, escrita unos meses antes en San Petersburgo. En esta carta se puede leer, en referencia a la obra de Euler:

> *"En ella no hay nada particularmente interesante, salvo un tratado sobre ecuaciones diofánticas que es, en verdad, excelente... Si no tenéis mucha prisa, podríais esperar la traducción francesa que tenemos deseos de hacer, y a la cual yo podría añadir algunas pequeñas notas".*

La traducción al francés fue realizada por Johann III Bernoulli, incluyendo las notas de Lagrange y fue editada en Lyon en el verano de 1773. En esas notas, además de rendir homenaje a los trabajos del matemático Bachet de Méziriac (1581-1638) sobre las ecuaciones indeterminadas de primer grado, se extiende mucho sobre el método de las fracciones continuas.

Pero quizá lo más relevante sean dos notas que contienen las demostraciones de dos notables teoremas, demostraciones que

Lagrange fue el primero en dar y que fueron elegantemente mejoradas para estas notas.

La primera nota hace referencia a una memoria escrita en *Mémoires de Berlín* en 1770, con el título "Demostración de un teorema de aritmética". En esta memoria Lagrange parte de las tentativas fallidas de Euler para demostrar un teorema enunciado por Bachet (algunos dicen que por Fermat) que dice así:

Todo entero positivo es suma de cuatro cuadrados perfectos, a lo sumo.

Lagrange fue el primero en lograr la demostración de este viejo teorema.

La segunda nota trata de una memoria leída por Lagrange en la Academia de Ciencias de Berlín el 13 de junio de 1771, con el título de "Demostración de un nuevo teorema relativo a los números primos". Se refiere a un teorema que aparece en la obra de Edward Waring (1734-1793) *Meditationes algebraicae*, teorema debido a un discípulo y amigo de Waring llamado John Wilson (1741-1793), quién más tarde se dedicó al derecho llegando a ser magistrado y noble. El teorema dice así:

Si p es primo, entonces $(p - 1)! + 1$ es múltiplo de p.

Lagrange da la demostración de este teorema, así como la de su recíproco, de manera que dicho teorema (de Wilson-Lagrange) debe enunciarse así:

La condición necesaria y suficiente para que p sea primo, es que $(p - 1)! + 1$ sea múltiplo de p.

Una de las memorias capitales elaboradas por Lagrange en Berlín, llevaba el modesto título de "Investigaciones sobre aritmética". En esta memoria Lagrange funda la teoría de las formas cuadráticas binarias, teoría en la que destacarían más tarde Legendre y Gauss.

La memoria se publicó en dos partes; la primera parte apareció en 1775, aunque fue redactada para las *Mémoires de Berlín* en 1773, la segunda parte fue escrita en 1775, para la misma revista y publicada en 1777, año del nacimiento de Gauss.

Adrien-Marie Legendre. Más información en el libro *Legendre. La honestidad de un científico* de Ana García Azcárate en esta misma colección.

Cuando comunica a D'Alembert los resultados obtenidos en esta memoria relativa a la teoría de números se muestra prudente, pues sabe que a su amigo estos temas le son ajenos; de hecho sólo Euler y Lagrange, entre los matemáticos del XVIII, hicieron importantes aportaciones a esta difícil rama de las matemáticas.

En una de las cartas remitidas a D'Alembert, Lagrange se expresa así:

"Les Recherches d'Arithmétique son las que más trabajo me han costado y son quizá las de menor valor... Existe un cierto problema a cuya solución he llegado tan sólo después de un gran trabajo:

Dado un número entero positivo n, que no es un cuadrado perfecto encontrar un cuadrado entero x^2 tal que $nx^2 + 1$ sea un cuadrado perfecto.

Este problema es de capital importancia en la teoría de las formas cuadráticas [para Lagrange teoría de los cuadrados], *las cuales son el objeto principal en el análisis diofántico. De todos modos he encontrado en esta ocasión algunos teoremas muy bellos de Aritmética, que os comunicaré en otro momento si así gustáis".*

Entre los "bellos teoremas" a los que se refiere Lagrange citaremos dos de gran importancia. El primero es el llamado *teorema fundamental de las congruencias polinómicas*, demostrado por primera vez por Lagrange en 1768:

Una congruencia de grado m,

$$Ax^m + Bx^{m-1} + Cx^{m-2} + \dots + Mx + N = 0 \pmod{p}$$

donde p es un número primo, que no divide a A, no puede resolverse de más de m maneras diferentes o no puede tener más de m raíces no congruentes módulo p.

Otro importante resultado al que Lagrange se refiere en su carta, podría tratarse de un teorema relativo a la equivalencia de formas cuadráticas binarias, que se enuncia de la siguiente manera:

Si un número es representable por una forma binaria, como por ejemplo $N = ax^2 + bxy + cy^2$ puede ser representable también por otras formas, que se llaman equivalentes, por medio de cambios de variable de la forma $x = \alpha x' + \beta y'$, $y = \chi x' + \delta y'$.

El 1 de septiembre de 1777 Lagrange envió una copia de la segunda parte de su memoria *Recherches d'Arithmétique* a Laplace, el cual alabó el trabajo de su colega, aunque sin demostrar especial interés en este campo.

En todo caso Lagrange era consciente del valor de sus resultados, en particular de la teoría de las formas cuadráticas que acababa de fundar y, a este respecto se manifiesta así:

"Nadie, que yo sepa, ha tratado aún esta materia de una manera directa y general, ni ha dado las reglas para encontrar a priori, las principales propiedades de los números que pueden representarse mediante fórmulas dadas cualesquiera.

Como este tema es uno de los más curiosos de la Aritmética y que merece particularmente la atención de los geómetras [matemáticos] por las grandes dificultades que encierra, yo voy a intentar tratarlo más a fondo, como no se ha hecho aún".

Lagrange, el último matemático del siglo XVIII, abre así el camino a los matemáticos puros del siglo siguiente, de los cuales él es el verdadero precursor.

Los continuadores inmediatos de Lagrange en teoría de números fueron Legendre y Gauss, quienes hicieron aportaciones decisivas en el campo en que Lagrange había sido pionero casi en solitario.

Antes de referirnos a los trabajos de Lagrange en el campo del álgebra, en particular a sus resultados en la resolución de ecuaciones, diremos que muchos años más tarde, en 1801, Lagrange tuvo la oportunidad de conocer una de las obras maestras de las matemáticas de todos los tiempos, verdadera joya de la aritmética superior, nos referimos a las *Disquisitiones arithmeticae* de Gauss.

Lagrange reconoció al instante la potencia de los resultados del joven Gauss y la magnitud de su genio, por lo que tuvo que sentirse halagado por el reconocimiento expreso que el joven alemán hace de la importancia de sus trabajos en teoría de números y en la resolución de ecuaciones indeterminadas.

Lagrange, que por entonces era considerado el mejor matemático del mundo, se apresuró a felicitar al joven Gauss tal y como había hecho con él Euler. Envió a Gauss una carta elogiando sin reservas su gran obra y afirmando tajantemente:

"esta obra por sí sola, os sitúa entre los más grandes matemáticos del mundo".

Tal y como se afirma en la cita de Gauss, Lagrange logró encontrar la solución al problema de encontrar las soluciones enteras de la ecuación general de segundo grado con dos incógnitas,

$$ax^2 + 2bxy + cy^2 + 2dx + 2ey + f = 0,$$

en la cual los coeficientes son también números enteros.

Lagrange en las Disquisitiones arithmeticae

Lagrange estudió esta obra de Gauss con verdadero deleite ya que pudo comprobar como en las cuatro primeras secciones de esta obra, Gauss desarrolla la teoría de las congruencias de primer y segundo grado de forma rigurosa y general sobre las nociones iniciales elaboradas por Euler, Lagrange y Legendre.

En la sección V de esta magna obra, Gauss hace un estudio riguroso de las formas cuadráticas y las ecuaciones indeterminadas de segundo grado. Esta sección V ocupa más de la mitad de sus Disquisitiones y en uno de sus artículos podemos leer:

"Como muchas cosas que hemos explicado hasta aquí lo han sido también por otros geómetras, no podemos silenciar sus trabajos. El ilustre Lagrange ha hecho investigaciones generales sobre la equivalencia de las formas (1773 y 1775) en las que ha mostrado sobre todo que, para un determinante dado cualquiera, se puede encontrar un número finito de formas tales que toda forma del mismo determinante sea equivalente a una de ellas y que, por lo tanto, todas las formas de un determinante dado pueden distribuirse por clases.(...). El famoso problema de encontrar todas las soluciones enteras de la ecuación general de segundo grado con dos incógnitas ha sido resuelto completamente por Lagrange (1767 y 1768). Euler lo había abordado también anteriormente, pero había limitado su investigación a deducir todas las soluciones a partir de una dada, que suponía conocida; además, sus métodos no proporcionan todas las soluciones más que en un número pequeño de casos".

La solución a este problema fue el colofón de una serie de brillantes resultados obtenidos por Lagrange, que habían dado comienzo con la resolución de la *ecuación de Pell*, $x^2 - Ay^2 = 1$, y continuaron con la resolución de la *ecuación de Fermat*, $x^2 - Ay^2 = B$.

El último trabajo efectuado por Lagrange en Berlín sobre teoría de números fue leído en la academia el día 20 de marzo de 1771. En este ensayo titulado "Sobre algunos problemas del análisis diofántico", Lagrange aplica el llamado método de *descenso infinito* a la resolución de algunos problemas difíciles del análisis indeterminado.

Lagrange siempre estuvo interesado en la teoría de números y en los años posteriores, durante su estancia en París, publicó un importante ensayo sobre fracciones continuas titulado *Ensayo de análisis numérico sobre la transformación de fracciones*.

Análisis algebraico

En el transcurso de los años que van desde 1767 a 1777, Lagrange estudió importantes problemas del análisis algebraico, en particular problemas relativos a la resolución de ecuaciones.

El 29 de octubre de 1769 leyó un primer ensayo ante la Academia de Ciencias que trataba de la mejora del método de eliminación de parámetros de Cramer en la resolución de sistemas de ecuaciones lineales.

En 1769 y 1770, publica dos importantes trabajos titulados "Sobre la resolución de ecuaciones numéricas" y "Añadido a la memoria sobre la resolución de ecuaciones numéricas".

En ambas memorias Lagrange usa el método de fracciones continuas, y en la segunda de ellas establece el resultado de que los números irracionales cuadráticos son los únicos que pueden expresarse mediante fracciones continuas periódicas.

El método de descenso infinito

El método de demostración por descenso infinito (más apropiado sería llamarle descenso indefinido) fue ideado por Fermat y mejorado por Euler. Tanto ellos como Lagrange lo utilizaron en muchas demostraciones de teoremas relativos a la teoría de números.

El método consiste en una mezcla de una especie de inducción a la inversa con el método de reducción al absurdo.

Ilustremos el método utilizándolo para demostrar que $\sqrt{2}$ *no es racional.*

Supongamos que $\sqrt{2} = \frac{a_1}{b_1}$, *siendo* a_1 *y* b_1 *dos enteros positivos con* $a_1 > b_1$. *Dado que* $\frac{1}{\sqrt{2} - 1} = \sqrt{2} + 1$, *si sustituimos el* $\sqrt{2}$ *del denominador por* a_1/b_1, *y despejamos la* $\sqrt{2}$ *del segundo miembro, resulta* $\sqrt{2} = \frac{2b_1 - a_1}{a_1 - b_1}$.

Ahora bien, en virtud de la igualdad $1 < \frac{a_1}{b_1} < \frac{3}{2}$, *resulta que* $(2b_1 - a_1)$ *y* $(a_1 - b_1)$ *son dos enteros positivos,* a_2 *y* b_2, *cada uno de ellos respectivamente menor que* a_1 *y* b_1, *y tales que*

$$\sqrt{2} = \frac{a_2}{b_2}.$$

Si repetimos el razonamiento indefinidamente, podemos encontrar enteros positivos a_n *y* b_n *cada vez más pequeños que verifican siempre la igualdad* $\sqrt{2} = \frac{a_n}{b_n}$. *Esto nos conduce a la absurda conclusión de que no existe un mínimo número entero positivo. Luego, la hipótesis de que* $\sqrt{2}$ *es un cociente de números enteros es falsa, y por tanto* $\sqrt{2}$ *no es racional.*

Las fracciones continuas

Las fracciones continuas fueron utilizadas frecuentemente por los matemáticos, en la resolución de problemas de teoría de números y en la resolución de ecuaciones numéricas. Su época dorada abarca dos siglos: desde la mitad del siglo XVII hasta la mitad del XIX.

Fueron Euler y Lagrange los que sacaron un mayor rendimiento al uso de las fracciones continuas en los dos campos señalados.

Veamos el método de fracciones continuas utilizado por Lagrange en la resolución aproximada de una ecuación numérica.

Sea la ecuación $x^3 - 7x + 7 = 0$. *Habiendo observado que una de sus raíces está entre 1 y 3/2, Lagrange hace* $x = 1 + \frac{1}{y}$, *que sustituyendo en la ecuación resulta:*

$$y^3 - 4y^2 + 3y + 1 = 0.$$

Esta ecuación tiene una raíz entre 1 y 2.

Si ahora hacemos $y = 1 + \frac{1}{z}$, *se obtiene la ecuación*

$$z^3 - 2z^2 - z + 1 = 0$$

que tiene una raíz comprendida entre 2 y 3.

Si hacemos ahora $z = 2 + \frac{1}{u}$, *continuamos con este procedimiento, se puede encontrar como valor aproximado de una raíz de la ecuación inicial:*

$$x = 1 + \begin{pmatrix} 1,1,1,\ldots \\ \\ 1,2,4,\ldots \end{pmatrix}, \text{ o bien}$$

$$x = 1 + \cfrac{1}{1 + \cfrac{1}{2 + \ldots}}$$

Lagny y Euler habían probado que toda fracción continua periódica es raíz de una ecuación de segundo grado. Con su método, Lagrange pudo probar el teorema recíproco y como consecuencia probó un resultado del que ya hemos hablado, la ecuación de Pell, $Ax^2 + 1 = y^2$, tiene siempre solución.

El 5 de abril de 1770 lee ante la Academia de Berlín su memoria "Nuevo método para resolver las ecuaciones literales por medio de series"; el método utilizado por Lagrange en esta memoria le fue sugerido por su colega y amigo Lambert, quién lo había empleado en la resolución de las ecuaciones trinómicas obteniendo fórmulas parecidas a la obtenida por Lagrange, aunque sin aportar demostración alguna.

La fórmula obtenida por Lagrange tuvo inmediatamente una gran repercusión tras darla a conocer en una carta dirigida a D'Alembert en la cual enuncia la fórmula de la manera siguiente:

"Sea la ecuación $\alpha - x + \chi(x) = o$, donde $\chi(x)$ denota una función cualquiera de x, siendo p una de sus raíces; entonces existe una función cualquiera de p, $\psi(p)$ tal que

$$\psi(p) = \psi(x) + \chi(x)\psi'(x) + \frac{1}{2!}\frac{d[\chi(x)^2\psi'(x)]}{dx} + \frac{1}{3!}\frac{d^2[\chi(x)^3\psi'(x)]}{dx^2} + \ldots$$

donde $\psi'(x) = \frac{d\psi(x)}{dx}$ con tal que se ponga en esta serie a α en lugar de x, después de haber efectuado las diferenciaciones indicadas, tomando en ella a dx como constante".

La demostración dada por Lagrange está basada simplemente en el método de inducción; más tarde Laplace daría una prueba mejor de esta fórmula. En todo caso el descubrimiento de Lagrange fue saludado con vivo interés por D'Alembert, Euler y Condorcet, entre otros.

Años más tarde, Cauchy estudiará las condiciones de convergencia de esta serie, condiciones que Lagrange pasó por alto, y casi todos los matemáticos del siglo XIX dedicados al campo del análisis, se ocuparon de ella.

Pero el punto culminante de sus trabajos sobre la resolución de ecuaciones, lo constituye la memoria leída en el año 1771 bajo el título de "Reflexiones sobre la resolución algebraica de ecuaciones". Esta memoria, junto con otra de Alexandre-Théophile Vandermonde (1735-1796), constituye las principales fuentes de inspiración de todos los trabajos posteriores sobre la resolución algebraica de ecuaciones.

Aunque la memoria de Lagrange es anterior, éste reconoció públicamente la originalidad y la importancia del trabajo del matemático parisino y así, en un gesto que le honra escribe a Condorcet:

"M. de Vandermonde me parece un gran analista y yo estoy encantado con su trabajo sobre ecuaciones".

Centrémonos ahora en la trascendental memoria de Lagrange sobre la resolución de ecuaciones.

En esta memoria de más de doscientas páginas Lagrange procede como en todos sus grandes trabajos: haciendo gala de una erudición extraordinaria examina de manera crítica la solución de la ecuación de segundo grado, conocida desde la Antigüedad, así como las soluciones de las ecuaciones de tercer y cuarto grado obtenidas por los matemáticos italianos del siglo XVI, desde Del Ferro hasta Ferrari pasando por Tartaglia y Cardano (Ver el libro *Cardano y Tartaglia. Las matemáticas en el Renacimiento italiano,* de Francisco Martín Casalderrey, en esta misma colección).

Además Lagrange estudia críticamente las aportaciones posteriores de Tschirnhausen, Euler y Bézout.

El método seguido por Lagrange para resolver las ecuaciones de grado menor o igual a cuatro mediante radicales es completamente distinto al empleado por los matemáticos italianos del siglo XVI. Estos utilizaron transformaciones especiales más o menos complicadas, obtenidas de manera ingeniosa pero también accidental.

Lagrange procede de forma mucho más profunda, demostrando que las soluciones de tales ecuaciones se basaban en propiedades generales comunes a dichas ecuaciones. Su método, perfectamente ordenado, se sustenta en una idea general basada, a su vez, en tres pilares fundamentales: la teoría de polinomios simétricos, la teoría de permutaciones y la teoría de resolventes.

Exponemos ahora las ideas generales en las que se sustenta el método de Lagrange.

Se considera la ecuación general de grado n-ésimo

$$x^n + a_1x^{n-1} + \ldots + a_{n-1}x + a_n = 0$$

Suponemos que los coeficientes de esta ecuación son independientes entre si, por lo que las raíces también deben ser indepen-

Los polinomios simétricos

Un polinomio en n variables se dice simétrico cuando no varía al permutar las n variables; así el polinomio de dos variables $3x^2 + 3y^2 - 5xy$ es simétrico.

La propiedad fundamental de los polinomios simétricos puede expresarse mediante el teorema que afirma:

Si a, b, c,..., p son las raíces de una ecuación de grado n, $x^n + a_1x^{n-1} + a_2 x^{n-2} +\ldots +a_n = 0$, entonces todo polinomio simétrico en a, b, c,...., p con coeficientes arbitrarios A, B, C,... puede ser expresado en forma racional entera (mediante operaciones de adición, sustracción y multiplicación) en función de estos coeficientes A, B, C,... y de los coeficientes $a_1, a_2, \ldots, a_n$ de la ecuación inicial.

dientes, ya que de haber alguna relación entre las raíces esto implicaría que los coeficientes dependerían unos de otros, puesto que en esencia los coeficientes son funciones simétricas de las raíces. En definitiva, las n raíces de la ecuación general han de considerarse como variables independientes y las funciones de ellas son funciones de variables independientes.

Por ejemplo, en el caso de la ecuación de segundo grado,

$$x^2 + bx + c = 0$$

hay dos funciones de sus raíces que son funciones simétricas, ya que no cambian al permutar las raíces; dichas funciones son la suma $x_1 + x_2$ y el producto $x_1 . x_2$.

Cuando una función, como las dos citadas, no cambia por la permutación de sus variables se dice que tal función admite la permutación. Así, $x_1 + x_2$ y $x_1 \cdot x_2$ admiten la permutación de las variables x_1 y x_2, mientras que $x_1 - x_2$ no.

Lagrange demostró el siguiente teorema:

Si una función $F(x_1, x_2, \ldots, x_n)$ de las raíces de la ecuación general de grado n, admite, como mínimo, todas las permutaciones de las xi que admite otra función $G(x_1, x_2, \ldots, x_n)$, la función F puede ser expresada de manera racional en términos de G y de los coeficientes de la ecuación general.

En la demostración de este teorema, Lagrange muestra como se puede expresar F como función racional de G.

Como aplicación del teorema anterior a la ecuación de segundo grado, podemos decir que la función x_1 de la ecuación cuadrática admite todas las permutaciones que admite la función $x_2 - x_1$ (sólo una) y entonces x_1 se puede expresar,

$$x_1 = \frac{-b + (x_2 - x_1)}{2}$$

como afirma el teorema.

Un segundo teorema de Lagrange afirma que:

Si una función $F(x_1,...,x_n)$ de las raíces de la ecuación general, no permite todas las permutaciones admitidas por una función $G(x_1,x_2,....., x_n)$, pero toma r valores diferentes para las permutaciones admitidas por G, entonces F es una raíz de una ecuación de grado r cuyos coeficientes son funciones racionales de G y de los coeficientes de la ecuación general de grado n.

Tras demostrar estos dos teoremas, Lagrange concibió un método para encontrar las raíces de la ecuación de grado n. Empezó por considerar una función simétrica F_0 de las raíces que admite las n! permutaciones de las raíces de la ecuación general; tal función F_0 podría ser la suma de todas las raíces, $x_1 + x_2 +.....+ x_n$.

A continuación Lagrange considera una función F_1 que sólo admite alguna de las sustituciones de F_0; por ejemplo, supongamos que para las n! permutaciones posibles F_1 toma r valores diferentes; entonces F_1 será una raíz de una ecuación de grado r cuyos coeficientes son funciones racionales de F_0 y de los coeficientes de la ecuación general inicial. Tal ecuación de grado r puede construirse sin especial dificultad y en el caso en que F_0 fuera una función simétrica que relaciona raíces con coeficientes de la ecuación, entonces los coeficientes de la ecuación de grado r se pueden expresar en términos de los coeficientes de la ecuación general inicial. Si la ecuación de grado r puede resolverse algebraicamente, entonces F_1 se podría conocer en función de los coeficientes de la ecuación inicial de grado n.

Ahora se escoge una función F_2 que admita sólo algunas de las sustituciones que admite F_1: supongamos que F_2 toma solamente s valores distintos para las sustituciones que admite F_1 y por ello F_2 será una de las raíces de una ecuación de grado s cuyos coeficientes son funciones racionales de F_1 y de los coeficientes de la ecuación general inicial. Los coeficientes de esta ecuación de grado s se pueden conocer si la ecuación de grado r–ésimo, que tiene a F_1 como una de sus raíces, puede resolverse algebraicamente. Asimismo, si la ecuación de grado s puede ser resuelta algebraicamente, entonces F_2 se conocerá en términos de los coeficientes de la ecuación general de grado n.

Continuando con el mismo proceso se podrían elegir funciones F_3, F_4,... de la manera reseñada, llegando finalmente a una función que sería solución de una ecuación de primer grado, supongamos x_1. Caso de que las ecuaciones de grado r, s,... se puedan resolver algebraicamente, entonces x_1 se podrá conocer en función de los coeficientes de la ecuación general dada inicialmente. Las otras raíces $x_{2,}$ $x_{3.}$...., x_n se pueden hallar por el mismo procedimiento.

Las ecuaciones citadas de grados r, s,.... se denominan hoy en día *resolventes de Lagrange*, si bien Lagrange no utilizó esta palabra para las ecuaciones que verificaban las funciones F_i, sino para algunas formas especiales de tales funciones. Así, Lagrange llamó resolvente a una expresión del tipo $x_1 + wx + w^2x_3 +... + w^{n-1}x_n$ en la que w es una de las raíces n-ésimas de la unidad; por ejemplo, para la ecuación cúbica una resolvente sería $x_1 + wx_2 + w^2x_3$.

Así, la solución de la ecuación de cuarto grado se reduce a la solución de una ecuación reducida cúbica y de igual manera resolvió la ecuación de tercer grado utilizando como resolvente una ecuación de segundo grado. Sin embargo al aplicar el método a la ecuación de quinto grado, Lagrange se encontró con el desagradable hecho de que había que resolver una ecuación auxiliar (resolvente) de sexto grado. En vano intentó encontrar una resolvente para la ecuación de quinto grado que fuera de grado menor que cinco.

En más de los dos siglos y medio que van desde Del Ferro hasta Lagrange, ningún matemático había cuestionado la posibilidad de que las ecuaciones de grado superior a cuatro pudieran ser resueltas mediante radicales. Más que en la imposibilidad

Resolución de la ecuación de cuarto grado

Veamos ahora la aplicación de este método general de Lagrange al caso de la ecuación de cuarto grado

$$x^4 + mx^3 + nx^2 + px + q = 0.$$

Sean a, b, c y d las cuatro raíces de esta ecuación.

De la expresión $a + wb + w^2c + w^3d$ *tomando* $w = -\ell$*, se obtiene la resolvente* $a - b + c - d$.

Si permutamos a, b, c, d de las 4! formas posibles, se obtienen en total, únicamente seis expresiones diferentes

$$\begin{array}{l} a - b + c - d \\ a - c + b - d \\ a + c - b - d \\ c + d - a - b \\ a + d - c - b \\ b + d - a - c \end{array} \qquad (1)$$

Los coeficientes de una ecuación de sexto grado, cuyas raíces son las seis expresiones anteriores, no varían con las 24 permutaciones de a, b, c, d, puesto que dichas permutaciones sólo cambian estas expresiones entre si y los coeficientes de la ecuación de sexto grado no dependen del orden en que se tomen las raíces. Así pues, estos coeficientes son polinomios simétricos en a, b, c, d y, por tanto, se pueden expresar en forma de función racional en función de los coeficientes m,n,p y q de la ecuación de cuarto grado inicial.

Por otra parte, las resolventes (1) son opuestas dos a dos y por el ello la ecuación de sexto grado que tiene a dichas expresiones (1) como raíces, tendrá únicamente términos en las potencias pares. Si notamos las resolventes (1) por α, β, χ, $-\alpha$,

$-\beta$, $-\chi$ respectivamente, el primer miembro de la ecuación de sexto grado se puede escribir

$$(y-\alpha)(y+\alpha)(y-\beta)(y+\beta)(y-\chi)(y+\chi) =$$
$$= (y^2-\alpha^2)(y^2-\beta^2)\,(y^2-\chi^2)$$

Teniendo en cuenta las fórmulas de Viète, se puede construir la ecuación de sexto grado

$$y^6-(3m^2-8n)y^4+3(m^4-16m^2n-16n^2+16mp-64q)y^2-$$
$$-(m^2-4m+8)^2=0$$

Haciendo $y^2 = t$, obtenemos la ecuación cúbica en t, a la que llamamos ecuación reducida o resolvente,

$$t^3-(3m^2-8n)t^2+3(m^4-16m^2n-16n^2+16mp-64q)\,t-$$
$$-(m^2-4m+8p)^2=0$$

Si llamamos t_1, t_2, y t_3 a las raíces de esta ecuación (que suponemos resoluble algebraicamente), podemos escribir el siguiente sistema de ecuaciones,

$$a+b-c-d=\sqrt{t_1}$$
$$a+c-b-d=\sqrt{t_2}$$
$$a+d-b-c=\sqrt{t_3}$$
$$a+b+c+d=-m \text{ (fórmula de Viète).}$$

Este sistema fácilmente resoluble por reducción, nos da las cuatro raíces de la ecuación inicial de cuarto grado expresadas en función de las tres raíces de la ecuación resolvente de tercer grado:

$$a=\frac{1}{4}(-m+\sqrt{t_1}+\sqrt{t_2}+\sqrt{t_3}),\quad b=\frac{1}{4}(-m+\sqrt{t_1}-\sqrt{t_2}-\sqrt{t_3})$$
$$c=\frac{1}{4}(-m-\sqrt{t_1}+\sqrt{t_2}-\sqrt{t_3}),\quad d=\frac{1}{4}(-m-\sqrt{t_1}-\sqrt{t_2}+\sqrt{t_3})$$

matemática de resolver por radicales las citadas ecuaciones, se pensaba que la cuestión estaba en la incapacidad de los matemáticos para encontrar la solución.

El gran impulso dado por Lagrange en esta memoria a la resolución algebraica de ecuaciones, se debe no sólo a haber encontrado un método general de resolución para las ecuaciones de grado menor o igual a cuatro, sino y sobre todo, por haber hallado la verdadera naturaleza del problema abriendo el camino a los matemáticos que le siguieron.

La profundidad del trabajo de Lagrange en esta memoria, queda claramente reflejada en las predicciones hechas por él mismo. Dice Lagrange:

"El problema de resolver por radicales ecuaciones de grado mayor que cuatro es uno de esos problemas que no han sido resueltos, aunque nada demuestra la imposibilidad de su resolución.... Por nuestro razonamiento vemos que es muy dudoso que los métodos que hemos considerado puedan dar una solución completa de las ecuaciones de quinto grado".

Paolo Ruffini (1765-1822), ardiente discípulo de Lagrange, se encargaría treinta años más tarde de demostrar la certeza de esta predicción.

En su *Teoria generale delle equazioni* (1799), Ruffini logró demostrar, empleando el método de Lagrange, que no existe una ecuación de grado menor que cinco que pueda ser resolvente de la ecuación de quinto grado.

Sin embargo, tendrían que pasar más de cincuenta años desde la publicación de la memoria de Lagrange, para que el joven genio noruego Niels Henrik Abel diera el paso decisivo al demostrar en 1824 que si $a_1, a_2, \ldots, a_n$ son coeficientes literales de una ecuación general de grado n, no existe ninguna expresión radical en estos coeficientes que sea raíz de la ecuación correspondiente, si su grado es $n \geq 5$.

Abel vencía así lo que había constituido durante casi tres siglos, *"un reto a la mente humana"*, en expresión usada por Lagrange.

Tras el gran éxito de Abel, la situación podría describirse de la manera siguiente: aunque la ecuación general de grado mayor que cuatro no es resoluble por radicales, existen muchas ecuaciones de grado arbitrario que pueden resolverse mediante radicales. La tarea ahora consistía en establecer las condiciones necesarias y suficientes para que una ecuación fuera resoluble mediante radicales.

También en esta cuestión la perspicacia de Lagrange se reveló extraordinaria. El genio de Turín tuvo la idea de que en la resolución de ecuaciones es fundamental considerar el número de valores que toma una función racional de sus raíces cuando éstas se permutan, lo cual desembocaría más tarde en la teoría de grupos de permutaciones o grupos de sustituciones. De hecho, Lagrange demostró que el número r de valores que toma F_1 es un divisor de n!, que equivale al teorema que dice que el orden de un subgrupo es un divisor del orden del grupo (*teorema de Lagrange*). En su memoria Lagrange afirmaba que la teoría de permutaciones era *"la verdadera filosofía de toda la cuestión"*, afirmación certera que Galois se encargaría de demostrar sesenta años más tarde.

En efecto, el joven y desdichado Galois demostró que una condición necesaria y suficiente para que la ecuación

$$x^n + a_1x^{n-1} + \ldots + a_{n-1}x + a_n = 0$$

sea resoluble por radicales es que el grupo G de las permutaciones de los números 1,2, ... n satisfaga determinada condición (Ver el libro *Galois. Revolución y matemáticas*, de Fernando Corbalán, en esta misma colección).

Durante su estancia en Berlín, Lagrange publicó otras dos memorias relacionadas con la resolución de ecuaciones.

La primera publicada en 1773, "Sobre la forma de las raíces imaginarias de las ecuaciones" trataba de la demostración dada por Lagrange del famoso teorema fundamental del álgebra que como se sabe afirma que toda ecuación polinómica $f(x) = 0$, con coeficientes reales o complejos, admite al menos una raíz real o compleja.

En esta memoria Lagrange mejora algunos aspectos de las demostraciones dadas anteriormente por D'Alembert y Euler para este teorema, pero sin lograr una demostración completa. En su tesis doctoral, Gauss sometió esta memoria a una crítica implacable y logró la primera demostración satisfactoria del citado teorema. Esto ocurrió años más tarde, en 1799.

La segunda memoria, relacionada con este tema, apareció en 1779 y complementaba en cierto modo la memoria anterior. Su título era "Investigaciones sobre la determinación del número de raíces imaginarias en las ecuaciones literales".

Mecánica celeste

Como ya se ha mencionado anteriormente, Lagrange había obtenido dos de los grandes premios que la Academia de Ciencias de París solía convocar cada dos años, los correspondientes a los años 1764 y 1766, cuando se encontraba todavía en Turín.

El primer trabajo de mecánica celeste publicado en Berlín, se titulaba "Investigaciones sobre el movimiento de un cuerpo que es atraído hacia dos centros fijos". Esta memoria, publicada en 1767, contenía una generalización de los trabajos realizados por Euler sobre el mismo tema.

Ese mismo año, D'Alembert notificó a Lagrange la convocatoria de un nuevo premio de la Academia de París para 1768. Como en 1764, el tema versaba sobre la teoría de la Luna y D'Alembert presionó a su amigo para que se presentara con el argumento siguiente: "me parece un tema digno de vuestra atención". Sin embargo la respuesta de Lagrange fue negativa:

"El rey querría que yo trabajase para vuestro premio, porque él cree que Euler trabaja en él; esta es una razón de más para que yo no lo haga".

Tampoco concurre al premio de la Academia de París para 1770, aunque esta vez es debido a motivos de salud que le han obligado a alterar su plan de trabajo. En ese tiempo publica un único trabajo que podríamos encuadrar dentro del campo de la astronomía pura, que tituló "Memoria sobre el paso de Venus el 3 de junio de 1769".

Pero Lagrange si participa en el concurso de 1772 con su trabajo "Ensayo sobre el problema de los tres cuerpos", sin duda uno de los mejores trabajos de Lagrange en mecánica celeste.

Antes de comentar la naturaleza de este trabajo diremos que uno de los contrincantes de Lagrange en este concurso era el mismísimo Euler, su venerable maestro.

El día 4 de abril de 1771, Lagrange le comunica a D'Alembert su intención de participar en el concurso y a tal efecto le escribe:

"Yo cuento con enviaros alguna cosa para el premio. He considerado el problema de los tres cuerpos de una manera general y nueva, no es que yo crea que valga más que la que se ha utilizado hasta ahora, pero únicamente por hacerlo alio modo; he hecho la aplicación a la Luna (sistema Sol, Tierra, Luna), pero dudo mucho que tenga tiempo de acabar los cálculos aritméticos".

Para situarnos acerca de este interesante ensayo de Lagrange, conviene recordar que Newton, en los *Principia*, dejó resuelto geométricamente el problema del movimiento de dos cuerpos esféricos bajo la atracción mutua debida a la fuerza gravitatoria: los dos cuerpos se mueven a lo largo de secciones cónicas. Un movimiento de este tipo se dice no perturbado. Daniel Bernoulli y, sobre todo, Euler resolvieron este problema de los dos cuerpos de manera analítica.

En su libro *Theoria Motuum Planetarum et Cometarum* (*Teoría del movimiento de los planetas y de los cometas*), Euler desarrolló de forma completa el problema de los dos cuerpos mediante la integración de un sistema de seis ecuaciones diferenciales de segundo orden. La solución requiere doce integrales, cada una de las cuales consta de una constante de integración; estas constantes pueden determinarse mediante las tres coordenadas de la posición inicial y las tres componentes de la velocidad inicial de cada uno de los cuerpos. Una vez resueltas las ecuaciones se comprueba que cada uno de los cuerpos se mueve a lo largo de una sección cónica respecto al centro de masas común.

Sin embargo el problema de los tres cuerpos presenta una diferencia sustancial respecto del anterior, y es que no puede

Los troyanos

Las soluciones al problema de los tres cuerpos obtenidas de forma puramente teórica, tuvieron su confirmación en la realidad física cuando en 1906 los astrónomos comprobaron que los asteroides troyanos se encuentran situados en los puntos de Lagrange estables del sistema Sol–Júpiter.

Los asteroides troyanos son dos grupos de asteroides situados sobre la órbita de Júpiter y con movimiento sincrónico con el del planeta. Uno de los grupos precede a Júpiter

resolverse por integración. Ahora bien, aunque no existe una solución general para el problema de los tres cuerpos, Lagrange obtuvo en el citado ensayo, soluciones particulares muy interesantes.

Lagrange consideró el sistema formado por dos cuerpos de masas grandes *m* y *m'*, que se suponen solos en el sistema solar, por ejemplo Sol y Júpiter, que giran circularmente alrededor de su centro de masas. Lagrange demostró que una pequeña masa sometida a la atracción de *m* y *m'*, gira rígidamente alrededor del centro de masas y en sincronía con ellas, siempre que dicha masa ocupe una de las cinco posiciones conocidas por el nombre de *puntos de Lagrange*. Tres de estas posiciones, que son inestables se encuentran sobre la línea que une las dos masas *m* y *m'*, pero las otras dos posiciones, que son estables, determinan con las dos masas grandes un triángulo equilátero.

Lagrange hizo aplicación de sus descubrimientos a los sistemas Sol-Tierra y Tierra-Luna, en el trabajo citado de 1772.

El tribunal que tenía que juzgar esta memoria estaba formado por los académicos D'Alembert, Condorcet, Bossut, Cassini y

y el otro se sitúa detrás, formando con el Sol y Júpiter dos triángulos equiláteros, como ya se ha dicho.

Las dimensiones varían desde pequeños trozos de roca, hasta algunos de diámetro aproximado de 200 km. El nombre de troyanos es debido a los nombres de los héroes de la guerra de Troya que se les asignó. El primero en ser descubierto fue Aquiles, detectado por los astrónomos del observatorio de Heidelberg el día 22 de febrero de 1906, que está situado en el grupo que precede a Júpiter; por eso a dicho grupo se le llama grupo de Aquiles. El grupo que orbita detrás se llama grupo de Patroclo.

Lemonnier. Por unanimidad se decidió que Lagrange y Euler compartieran el premio de la academia y se recompensó con 5000 libras a cada uno.

Muchos años más tarde, el eminente geómetra francés Joseph-Alfred Serret (1819-1885) que se encargó de supervisar los 14 voluminosos tomos de la *Obra completa* de Lagrange, escribía en referencia al trabajo teórico de Lagrange sobre el problema de los tres cuerpos: "*El capítulo primero merece contarse entre los más importantes trabajos de Lagrange. Las ecuaciones diferenciales del problema de los tres cuerpos constituyen un sistema de duodécimo orden y la solución completa exige doce integraciones. Los datos conocidos son los de la fuerza viva y los tres del principio de las áreas. Faltan ocho constantes por descubrir. Reduciendo a siete su número, Lagrange da un paso importante que no será superado hasta 1873, cien años más tarde*".

Se refiere aquí Serret a los trabajos realizados por el matemático norteamericano George William Hill (1838-1914) y sobre todo por Jules-Henri Poincaré (1854-1912), que hicieron notables aportaciones al estudio de las soluciones particulares periódicas, iniciado en el trabajo premiado de Lagrange.

Joseph-Alfred Serret.

Para enfocar el contenido de las restantes memorias publicadas por Lagrange en Berlín, relativas a la mecánica celeste, tenemos que tener en cuenta que dado que el problema de los n cuerpos no es resoluble de manera exacta, mediante integración, para n $\geq$ 3, las investigaciones sobre este tema siguieron dos rumbos: uno consistió en la búsqueda de teoremas generales que pudieran dar información sobre el movimiento de los astros, y el segundo camino consistió en la búsqueda de soluciones aproximadas que resultasen útiles durante un cierto periodo de tiempo posterior a un determinado instante del que se tuvieran datos disponibles. Este camino recibe el nombre de método de perturbaciones.

Como ya se ha dicho, dos cuerpos esféricos sometidos a interacción gravitatoria se mueven a lo largo de secciones cónicas según un movimiento que se denomina no perturbado. Cualquier alteración respecto a tal movimiento, sea en posición o en velocidad, y debida a la causa que sea, da lugar a un movimiento perturbado. Por ejemplo, si se trata de dos cuerpos esféricos pero se tiene en cuenta la resistencia del medio, o si los cuerpos son esferoides achatados, o si están implicados tres o más cuerpos aparecen perturbaciones en los movimientos de manera que ya no cabe esperar que las órbitas sean secciones cónicas.

El cálculo de perturbaciones fue uno de los problemas más interesantes del siglo XVIII y a él realizaron notables contribuciones los matemáticos más capaces: Clairaut, Euler, D'Alembert, Lagrange y Laplace.

Cuando la Academia de París convocó el premio correspondiente a 1774, lo hizo presentando el problema de *si se podría explicar la ecuación secular de la Luna por la atracción de todos los cuerpos celestes o por el efecto de la no esfericidad de la Tierra y de la Luna.* Lagrange, que se encontraba muy fatigado por el enorme trabajo que estaba acometiendo, escribió a su amigo D'Alembert que no podría participar en el concurso debido a que no tenía tiempo material para presentar su trabajo en la fecha fijada por la Academia, finales de agosto de 1773. D'Alembert y Condorcet, interesados en la participación de Lagrange, convencieron al resto del jurado para ampliar el plazo de presentación de los trabajos.

Lagrange, tras agradecer al jurado el favor que le había concedido, envió su trabajo "Sobre la ecuación secular de la Luna" en febrero de 1774, trabajo que obtuvo el premio de la Academia de París; era la cuarta vez que recibía tan importante galardón.

No participó en los concursos de los años 1776 y 1778, en los que se proponía el estudio de las perturbaciones que los movimientos de los cometas pueden experimentar debido a la acción de los planetas. Lagrange se excusó ante D'Alembert por no abordar el tema propuesto ya que en ese tiempo está ocupado en otras cuestiones también relativas a la mecánica celeste. El 29 de mayo de 1775 le escribe a su amigo una carta en la que, entre otras cosas, le pone al corriente del tema que le ocupa:

"Estoy ahora próximo a dar una teoría completa de las variaciones de los elementos de los planetas en virtud de su acción mutua".

Los resultados de sus investigaciones aparecieron publicados entre los años 1776 y 1782 en tres importantes memorias, la primera de las cuales fue recogida en las *Memorias* de la Academia de París bajo el título de "Investigaciones sobre las ecuaciones seculares de los movimientos de los nodos y de las inclinaciones de las órbitas de los planetas".

Las otras aparecieron en las *Memorias* de la Academia de Berlín. Fueron "Sobre el movimiento de las órbitas planetarias" y "Sobre la disminución de la oblicuidad de la eclíptica".

Ni la Academia de París ni D'Alembert están dispuestos a arrojar la toalla y vuelven a proponer para el premio de 1780 el mismo tema de estudio sobre las perturbaciones producidas por los planetas en el movimiento de los cometas.

Esta vez Lagrange no puede excusarse ante una academia que tanto le había premiado y envía sus "Investigaciones sobre la teoría de las perturbaciones que los cometas pueden sufrir por la acción de los planetas". Este trabajo le reportó el premio doble de cuatro mil libras; era la quinta vez que la Academia de París le premiaba y sería la última, porque Lagrange no volvería a presentarse a ningún otro concurso.

Entre 1780 y 1786, publicó tres memorias más de mecánica celeste relativas a las variaciones seculares y a las variaciones periódicas de los movimientos de los planetas. En ellas estudiaba las perturbaciones que el movimiento kepleriano de un planeta alrededor del Sol puede experimentar por las atracciones recíprocas que los planetas ejercen entre sí. Las acciones correspondientes, aunque débiles, no son insignificantes, puesto que son continuas y sus efectos son acumulativos a lo largo del tiempo.

Lagrange observó que las perturbaciones podían presentarse bajo dos facetas distintas: periódicas y seculares. Las variaciones de tipo periódico hacen que la órbita de un planeta varíe primero en un sentido y después en el opuesto, con lo que al final estas variaciones se compensan.

Las variaciones de tipo secular causaban desviaciones acumulativas en un solo sentido, por lo que la órbita tendría que acabar por descompensarse.

Lagrange atacó el problema de determinar si alguna de las perturbaciones observadas era realmente secular y llegó a la conclusión de que no.

Cabe señalar, por último, una memoria editada en 1782 en la que aporta una solución más acabada del problema de la libración de la Luna, que le había reportado el premio de la Academia de París veinte años atrás, en los heroicos tiempos de Turín.

La memoria nueva llevaba el título de "Teoría de la libración de la Luna y de otros fenómenos que dependen de la figura no esférica de este planeta". Cuando otro maestro de la mecánica celeste, Laplace, leyó esta memoria se apresuró a escribir a

Lagrange una carta fechada el 10 de abril de 1783, en la expresaba su opinión sobre ella en estos términos:

"La elegancia y la generalidad de vuestro análisis, la feliz elección de vuestras coordenadas, la manera en que tratáis vuestras ecuaciones diferenciales, sobre todo las del movimiento de los puntos equinocciales y de la inclinación del ecuador lunar, todo eso, hasta la sublimación de vuestros resultados, me han llenado de admiración".

Ecuaciones diferenciales

Tanto en los problemas de mecánica general como en los de mecánica celeste, Lagrange tuvo que enfrentarse al problema añadido de la resolución de las ecuaciones diferenciales que aparecían, de manera inevitable, en la resolución de los problemas físicos.

Lagrange, como el resto de los matemáticos del XVIII, empezó por resolver cada ecuación correspondiente a un problema físico concreto recurriendo al ingenio. Sin embargo, pronto se dio cuenta que la complejidad de los problemas tratados en física requería un estudio sistemático y profundo de las ecuaciones diferenciales.

Lagrange. The Gallery of Portraits de Charles Knight, Londres.

Euler, y sobre todo Lagrange, iniciaron este estudio sistemático que completarían los matemáticos del siglo XIX.

Los trabajos de Lagrange en Berlín sobre ecuaciones diferenciales son posteriores a los realizados en teoría de números y en álgebra y abarcan el intervalo comprendido entre 1768 y 1787.

El 20 de septiembre de 1768, envía a la revista *Miscellanea Taurinensia* un ensayo titulado "Sobre la integración de algunas ecuaciones diferenciales en las que las indeterminadas están separadas, pero en la que cada miembro en particular no es integrable". En este ensayo se inspira, como en otras ocasiones, en un trabajo anterior de Euler sobre ese tipo de ecuaciones, pero la profundidad y la originalidad con que Lagrange trata el tema son valorados por el maestro suizo, en una carta que remitió a Lagrange el 23 de marzo de 1775:

"No puedo admirar bastante la habilidad y la facilidad con las que habéis tratado tantos temas espinosos que me han costado tanto, sobre todo la integración de esta ecuación diferencial,

$$\frac{mdx}{\sqrt{A + Bx + Cx^2 + Dx^3 + Ex^4}} = \frac{ndx}{\sqrt{A + By + Cy^2 + Dy^3 + Ey^4}}$$

cuando los dos números m y n son racionales".

Sobre la integración de este tipo de ecuaciones diferenciales volvería Lagrange unos años más tarde, en una memoria enviada para la revista de la recién fundada Academia de Ciencias de Turín, *Recueil de l'Academia.* Ambas, academia y revista, habían sido creadas en 1783 sobre los cimientos dejados por Lagrange muchos años antes: la Sociedad Científica de Turín y la *Miscellanea Taurinensia*, respectivamente.

La Academia de Turín recién constituida se apresuró a nombrar presidente honorario a Lagrange. Posiblemente para celebrar el evento y de paso agradecer el nombramiento, envía a la revista de la Academia la citada memoria "Sobre un nuevo método de cálculo integral para las diferenciales afectadas de un radical cuadrático bajo el cual la variable no pasa del cuarto grado". Lagrange se propone en este trabajo encontrar series convergentes para las integrales de este tipo de diferenciales que son muy frecuentes en la mecánica. A tal efecto, transforma el polinomio de cuarto grado que hay bajo el signo radical en un producto de factores del tipo $(1 + px^{2)}$ y $(1 + qx^{2)}$ en los que los coeficientes p y q pueden ser casi iguales o muy distintos.

Esta dos memorias de Lagrange, junto con otros trabajos de Jakob Bernoulli, Euler y algún otro, pueden considerarse como el embrión de la teoría de funciones elípticas que con tanto éxito iban a desarrollar los matemáticos del siglo XIX, con Abel, Legendre y Jacobi a la cabeza.

Las aportaciones de Clairaut

El único trabajo sistemático sobre las ecuaciones en derivadas parciales realizado antes de Lagrange se debió, en 1739, a Clairaut, cuando estaba estudiando la forma de la Tierra y tuvo que resolver ecuaciones del tipo que hoy conocemos como ecuaciones en diferenciales totales y que tienen la forma

$$Pdx + Qdy + Rdz = 0 \qquad (1)$$

en la que P, Q y R son funciones de x, y, z. Cuando esta ecuación es integrable, define a z como función implícita de x e y.

Alexis Clairaut (1713-1765).

Se dice que la expresión del primer miembro de la ecuación anterior es una diferencial exacta, si existe una función u (x, y, z) tal que

$$du = Pdx + Qdy + Rdz$$

Hacia 1773 Lagrange leyó ante la Academia de Berlín un trabajo relativo a la integración de ecuaciones diferenciales en derivadas parciales que tituló "Sobre la integración de las ecuaciones en derivadas parciales de primer orden", seguramente elaborado el año anterior.

Este estudio realizado fue completado en otras dos memorias escritas. la primera en 1779 y la otra en 1785, con los títulos res-

Clairaut demostró que si $Pdx + Qdy + Rdz$ es una diferencial exacta, entonces se verifica:

$$\frac{\partial P}{\partial y} = \frac{\partial Q}{\partial x}, \quad \frac{\partial P}{\partial z} = \frac{\partial R}{\partial x}, \quad \frac{\partial Q}{\partial z} = \frac{\partial R}{\partial y}$$

Clairaut encontró un método para integrar este tipo de ecuaciones y demostró que si (1) no es una diferencial exacta, es posible que se pueda encontrar un factor integrante, una función $v(x, y, z)$, tal que al multiplicar por ella la ecuación inicial el primer miembro de ella resulte una diferencial exacta.

Además, encontró la condición necesaria (hoy sabemos que es también suficiente), para que la ecuación sea integrable con ayuda de un factor integrante. Esta condición es la siguiente:

$$P\left(\frac{\partial Q}{\partial z} - \frac{\partial R}{\partial y}\right) + Q\left(\frac{\partial R}{\partial x} - \frac{\partial P}{\partial z}\right) + R\left(\frac{\partial P}{\partial y} - \frac{\partial Q}{\partial x}\right) = 0 \quad (2)$$

Lagrange, conocía el trabajo de Clairaut y lo aprovechó para encontrar un método general de integración de la ecuación diferencial general en derivadas parciales de primer orden. Dicha ecuación es de la forma

$$F(x, y, z, p, q) = 0. \quad (3)$$

donde $p = \frac{\partial z}{\partial x}$ *y* $q = \frac{\partial z}{\partial y}$*. La ecuación puede ser lineal en p y q, o bien ser una ecuación en derivadas parciales no lineal.*

pectivos de "En relación con diferentes problemas de análisis relativos a la teoría de las integrales particulares" y "Método general para integrar ecuaciones en derivadas parciales de primer orden cuando no son sino lineales".

Método de Lagrange para la integración de la ecuación en derivadas parciales de primer orden no lineal

En el citado trabajo de 1772, Lagrange considera la ecuación general no lineal de primer orden en dos variables independientes x e y, con z como variable dependiente de ellas. Escribe la ecuación general f (x, y, z, p, q) = 0 en la forma

$$q - Q\,(x, y, z, p) = 0 \qquad (4)$$

o lo que es lo mismo, con q como función de x, y, z, p y se propone determinar p como función de x, y, z de manera tal que las ecuaciones

$$q - Q\,(x, y, z, p) = 0 \quad y \quad p - P\,(x, y, z) = 0 \qquad (5)$$

tengan infinitas superficies integrales comunes o, según como lo expresó Lagrange, que la expresión

$$dz - pdx - qdy \qquad (6)$$

se convierta en una diferencial exacta dN, de una función N (x, y, z), cuando se multiplica previamente por un factor integrante M (x, y, z) adecuado. Para ello es necesario que se verifique que

$$\frac{\partial N}{\partial z} = M, \qquad \frac{\partial N}{\partial x} = -Mp, \qquad \frac{\partial N}{\partial y} = -Mq$$

Consideradas en conjunto las tres memorias, se puede afirmar de manera categórica, que constituyen el trabajo más general y acabado realizado en el siglo XVIII en el campo de las ecuaciones diferenciales en derivadas parciales de primer orden.

Ahora bien, las condiciones de integrabilidad para una diferencial exacta aplicadas a estas ecuaciones implican que

$$\frac{\partial M}{\partial x} = -\frac{\partial (Mp)}{\partial z}, \qquad \frac{\partial M}{\partial y} = -\frac{\partial (Mq)}{\partial z}, \qquad \frac{\partial (Mp)}{\partial y} = -\frac{\partial (Mq)}{\partial x}$$

Si los valores de $\frac{\partial M}{\partial x}$ *y* $\frac{\partial M}{\partial y}$ *de las dos primeras ecuaciones anteriores se sustituyen en la tercera ecuación se obtiene*

$$\frac{\partial p}{\partial y} - \frac{\partial q}{\partial x} - p\frac{\partial q}{\partial z} + q\frac{\partial p}{\partial z} = 0 \qquad (7)$$

Esta es la condición para que la ecuación $dz - pdx - qdy = 0$ *sea integrable.*

Si en la ecuación (7) se sustituye q por la función Q (x, y, z, p), entonces la ecuación (7) se puede escribir de la forma siguiente:

$$-Q_p\frac{\partial p}{\partial x} + \frac{\partial p}{\partial y} + (Q - pQ_p)\frac{\partial p}{\partial z} - Q_x - pQ_z = 0 \qquad (8)$$

Ahora bien, esta es una ecuación lineal de primer orden. Lagrange dice que una solución de esta ecuación contiene una constante arbitraria α, $p = P(x, y, z, \alpha)$. *Una vez obtenida esta solución, se integran las dos ecuaciones de (5), es decir,* $q - Q(x, y, z, p) = 0$ *y* $p - P(x, y, z, \alpha) = 0$ *con lo cual se obtiene la integral completa de la ecuación inicial* $q - Q(x, y, z, p) = 0$.

En definitiva, lo que hace Lagrange en su memoria de 1772, es reducir el problema de integrar una ecuación no lineal como $q - Q(x, y, z, p) = 0$ *al de integrar una ecuación lineal como la ecuación (8).*

Hasta este trabajo de Lagrange, muy poco se había hecho en el campo de las ecuaciones en derivadas parciales desde el punto de vista del trabajo sistemático. Se habían resuelto algunas ecuaciones especiales, integrables de manera inmediata o bien mediante algún procedimiento más o menos ingenioso.

En su memoria de 1772, Lagrange desarrolló la teoría general de las ecuaciones en derivadas parciales no lineales.

Antes de exponer el método de Lagrange, conviene decir que una solución que contenga dos constantes arbitrarias $S(x, y, z, a, b) = 0$, es la integral general o completa de la ecuación. Si hacemos $b = \phi(a)$, siendo ϕ una función arbitraria, se obtiene una familia de soluciones dependientes de un parámetro. Para una $\phi(a)$ concreta se obtiene una integral particular. La envolvente de todas las soluciones incluidas en la integral general se llama solución o integral singular de la ecuación. Este tipo de solución no se obtiene de la integral general mediante valores de las constantes. La relación entre la solución completa y las soluciones singulares fue analizada por el propio Lagrange en una memoria de 1774, en la que estableció dicha relación, tanto en ecuaciones diferenciales ordinarias como en ecuaciones en derivadas parciales.

En su memoria de 1779, encontró un método para integrar ecuaciones en derivadas parciales de primer orden lineales.

Lagrange comienza por la ecuación lineal que todavía hoy se denomina ecuación lineal de Lagrange, a saber,

$$Pp + Qq = R \tag{9}$$

en la que las funciones P, Q y R lo son de las variables x, y, z. Esta ecuación es como se ve, no homogénea.

Lagrange considera entonces la ecuación homogénea

$$P\frac{\partial f}{\partial x} + Q\frac{\partial f}{\partial y} + R\frac{\partial f}{\partial z} = 0 \tag{10}$$

y demuestra que si u (x, y, z) = c es una solución de la ecuación lineal no homogénea (9), entonces f = u (x, y, z) es una solución de la homogénea (10) y recíprocamente. En resumen, resolver la ecuación lineal de Lagrange equivale a resolver la ecuación homogénea (10).

Pero Lagrange va más lejos y demuestra que si f = u (x, y, z) y f = v (x, y, z) son dos soluciones de la ecuación homogénea (10), entonces $u = c_1$ y $v = c_2$ son soluciones del sistema de ecuaciones diferenciales ordinarias

$$\frac{dx}{P} = \frac{dy}{Q} = \frac{dz}{R} \qquad (11)$$

y recíprocamente.

Por lo tanto, si $u = c_1$ y $v = c_2$ son soluciones del sistema de ecuaciones ordinarias (11), entonces f = u (x, y, z) y f = v (x, y, z) serán soluciones de la ecuación homogénea,

$$P\frac{\partial f}{\partial x} + Q\frac{\partial f}{\partial y} + R\frac{\partial f}{\partial z} = 0$$

y en consecuencia $u = c_1$ y $v = c_2$ serán soluciones de la ecuación lineal de Lagrange,

$$Pp + Qq = R$$

En su memoria de 1785, completó algunas de las demostraciones antes mencionadas y demostró que si $u = c_1$ y $v = c_2$ son soluciones del sistema de ecuaciones ordinarias (11), entonces $f = \phi$ (u, v), con ϕ función arbitraria de u y v, es solución de la ecuación homogénea (10) y en consecuencia ϕ (u, v) = c es solución de la ecuación lineal inicial (9). Como ϕ es arbitraria, se puede asegurar que ϕ (u, v) = 0 es la solución general de la ecuación lineal de Lagrange.

En resumen, como síntesis de estas tres memorias podemos decir que Lagrange reduce el problema de integrar la ecuación diferencial en derivadas parciales de primer orden no lineal al de integrar un sistema de ecuaciones diferenciales ordinarias.

En lenguaje actual el trabajo realizado por Lagrange establece que para integrar la ecuación general en derivadas parciales de primer orden no lineal f (x, y, z, p, q) = 0, basta resolver el sistema de ecuaciones ordinarias,

$$\frac{dx}{dt} = f_p \qquad \frac{dy}{dt} = f_q \qquad \frac{dz}{dt} = pf_p + qf_q$$

$$\frac{dp}{dt} = -f_x - f_z p \qquad \frac{dq}{dt} = -f_y - f_z q$$

A estas ecuaciones se les llama ecuaciones características de la ecuación general en derivadas parciales inicial.

Si u (x, y, z, p, q) = c, es una integral de este sistema de ecuaciones características, entonces se pueden despejar p y q entre esta solución y la ecuación inicial f (x, y, z, p, q) = 0; sustituyendo los valores así obtenidos en dz = pdx + qdy, bastaría luego integrar esta diferencial exacta por el método de Clairaut.

Este método aquí resumido recibe el nombre de método de Lagrange o método de Lagrange-Charpit; este último nombre es debido a que, al parecer, según algunos autores, se debe a Charpit el haber sintetizado los tres trabajos de Lagrange, aunque esto no es seguro, pues cuando Jacobi solicitó a la Academia de Ciencias de París el trabajo atribuido a Charpit se encontró con que nunca fue publicado. Lo más probable es fuera el propio Lagrange quién resumiera sus trabajos.

Monge y Cauchy completarían esta historia, dando el primero la interpretación geométrica del trabajo analítico de Lagrange, en 1795, y generalizando el segundo el trabajo de Lagrange a n variables en 1819. Por esto último, al método de Lagrange se le denomina también, método de las características de Cauchy.

A principios del siglo XVII, Taylor se dio cuenta que existían soluciones de las ecuaciones diferenciales que no podían obtenerse dando valores concretos a las constantes en la integral general, tal y como ocurría con las integrales particulares. Estas soluciones, llamadas singulares, fueron objeto de estudio por parte de matemáticos de la talla de Clairaut, Euler y Laplace, entre otros.

Clairaut y Euler habían desarrollado un método de obtención de las soluciones singulares basado en la eliminación de y' en el sistema formado por la propia ecuación diferencial f (x, y, y') = 0 y la ecuación $\frac{df}{dy'} = 0$.

Más tarde, Euler y D'Alembert dieron criterios para distinguir la solución singular de una solución particular, cuando no se conocía la solución general de la ecuación.

Por último, Laplace estudió las soluciones singulares (él las llamó integrales particulares) de ecuaciones de orden superior.

Fue este trabajo de Laplace de 1772 el que impulsó a Lagrange a realizar el trabajo más general y acabado sobre este tema; él mismo lo explica en el preámbulo de su memoria "Sobre las integrales particulares de las ecuaciones diferenciales":

> *"Acabo de leer una memoria que M. de Laplace ha dado hace poco... Esta lectura ha despertado antiguas ideas que yo tenía sobre la misma materia y ha ocasionado las siguientes investigaciones que constituyen una teoría nueva y completa".*

En su memoria, Lagrange procede de manera sistemática en el estudio de la relación entre las soluciones singulares y la solución general, logrando un método de obtención de la solución singular a partir de la solución general por eliminación de la constante.

Si G (x, y, C) = 0 es la integral general, entonces se puede eliminar la constante C entre esta ecuación y $\frac{\partial}{\partial C} G(x, y, C) = 0$.

Como sabemos, la envolvente de una familia de curvas es la curva que, en cada uno de sus puntos, es tangente a una curva de la familia. Pues bien, Lagrange demostró que si existe la envolvente de la familia de curvas integrales de la ecuación diferencial F(x,y,y')=0, entonces la envolvente también es solución de la ecuación.

En efecto, supongamos que la ecuación diferencial F (x, y, y') = 0 tiene como integral general G (x, y, C) = 0; la envolvente admite en cada uno de sus puntos una tangente común con una curva integral y por lo tanto en ese punto la envolvente y la curva del haz de curva integrales, tienen los mismos valores para las variables x, y, y'. Ahora bien, para cada curva del haz las magnitudes x, y, y', satisfacen la ecuación diferencial y en consecuencia, la abscisa, la ordenada y la pendiente en cada punto de la envolvente satisfacen la misma ecuación, de manera que la envolvente es una curva integral y su ecuación es una solución de la ecuación diferencial inicial.

En general, la envolvente no es una curva del haz y por ello su ecuación no puede obtenerse de la integral general, mediante valores particulares de C, es decir la envolvente es una solución singular.

Nótese que por cada punto de la curva que representa la solución singular pasan dos curvas integrales, por lo que se incumple la unicidad de la solución en cada uno de esos puntos.

Lagrange se propone entonces encontrar la ecuación de la envolvente del haz de curvas integrales G (x, y, C) = 0. Supongamos que este haz admite una envolvente de ecuación y = g (x), con g (x) continua y derivable respecto a x. Si P (x, y) es un punto de la envolvente, P pertenece también a una curva del haz a la que corresponde un valor determinado del parámetro C, dado por la ecuación G (x, y, C) = 0; C = C (x, y).

Para todos los puntos de la envolvente se verifica que

$$G(x, y, C(x, y)) = 0 \qquad (1)$$

Si C (x, y) es una función no constante para los valores de x e y correspondientes a puntos de la envolvente y además C (x, y) es derivable respecto a x y a y, entonces para hallar la pendiente de la tangente a la envolvente en el punto P(x,y), derivamos respecto a x la ecuación (1) de la envolvente, considerando a y como función de x:

$$\frac{\partial G}{\partial x} + \frac{\partial G}{\partial C}\frac{\partial C}{\partial x} + \left(\frac{\partial G}{\partial y} + \frac{\partial G}{\partial C}\frac{\partial C}{\partial y}\right)y' = 0.$$

Reordenando esta ecuación y cambiando ligeramente la notación

$$G'_x + G'_y\, y' + G'_c\left(\frac{\partial C}{\partial x} + \frac{\partial C}{\partial y}\, y'\right) = 0. \qquad (2)$$

Ahora bien, en la curva integral del haz que pasa por P (x, y), C es constante y por tanto el coeficiente angular de la tangente a la curva en ese punto, se obtiene de la ecuación

$$G'_x + G'_y\, y' = 0 \qquad (3)$$

Podemos suponer que $G'_y \neq 0$, pues en caso contrario, consideraríamos a x como función de y.

Puesto que el coeficiente angular es el mismo para la envolvente que para la curva del haz, de las ecuaciones (2) y (3) se deduce

$$G'_c\left(\frac{\partial C}{\partial x} + \frac{\partial C}{\partial y}\, y'\right) = 0$$

Pero C (x, y) no es constante para los puntos de la envolvente, entonces

$$\frac{\partial C}{\partial x} + \frac{\partial C}{\partial y} y' \neq 0.$$

por lo que para la envolvente es cierta la igualdad $G'_c\,(x, y, C) = 0$.

En definitiva, para encontrar la ecuación de la envolvente debemos eliminar C entre las ecuaciones

$$G\,(x, y, C) = 0$$

La ecuación de las isoclinas rectilíneas

Una isoclina es una curva o recta que pasa por todos los puntos del plano en que la tangente a la correspondiente curva integral tiene la misma pendiente, es decir, tiene la misma inclinación con respecto al eje OX.

Lagrange aplicó su método de obtención de la solución singular a su famosa ecuación

$$y = xu(y') + v(y')$$

Esta ecuación, llamada de Lagrange o de las isoclinas rectilíneas, es integrable por derivación.

Lagrange integró esta ecuación, mediante el método de Clairaut-Euler, que él mismo mejoró. Si en la ecuación anterior hacemos $u(y') = y'$ *resulta la ecuación de Clairaut.*

Ilustremos el método de integración: si hacemos $y' = p$*, la ecuación toma la forma*

$$y = xu(p) + v(p)$$

Derivando ahora respecto a x, se obtiene

$$p = u(p) + (xu'(p) + v'(p))\frac{dp}{dx}$$

$$G'_c(x, y, C) = 0 \qquad (4)$$

Sin embargo Lagrange pasó por alto el hecho de que si $y=g(x)$ es la ecuación de la curva lugar geométrico de los puntos singulares del haz $G(x, y, C) = 0$, es decir, aquellos puntos para los que $G'_x = 0$ y $G'_y = 0$, entonces esa curva satisface la ecuación diferencial inicial y las ecuaciones (4) por lo que también es una solución singular distinta de la envolvente. Así pues, las ecuaciones (4) pueden determinar la envolvente o la

Esta ecuación puede escribirse de la forma

$$\frac{dx}{dp} - x\frac{u'(p)}{p-u(p)} = \frac{u'(p)}{p-u(p)}$$

en la que considerando a x como función de p, resulta ser lineal respecto a la función x(p).

Si se resuelve esta ecuación, se obtiene $x = g\ (p, C)$.

Se puede eliminar el parámetro p entre esta ecuación y la ecuación inicial $y = x\ u\ (p) + v\ (p)$ *y obtenemos la integral general en la forma* $G\ (x, y, C) = 0$, *o bien en forma paramétrica*

$$x = x_1(p) + Cx_2(p),\ y = y_1(p) + Cy_2(p)$$
$$\text{siendo } y_1(p) = x_1(p)\ u\ (p) + v\ (p)$$
$$\text{e } y_2(p) = x_2(p)\ u\ (p).$$

Si eliminamos p y C entre las ecuaciones anteriores y la ecuación $G'_c\ (x, y, C) = 0$, *se obtiene la solución singular de la ecuación de Lagrange:*

$$\frac{x-x_1}{x_2} = \frac{y-y_1}{y_2} = \frac{y_2x'_1 - x_2y'_1}{x_2y'_2 - y_2x'_2}$$

En general, la envolvente de las isoclinas de una ecuación de Lagrange es un lugar geométrico de puntos de retroceso de las curvas integrales.

curva lugar geométrico de los puntos singulares, o bien la combinación de ambas cosas.

Si $f\ (x, y, z, p, q) = 0$, es una ecuación diferencial en derivadas parciales de primer orden y $F\ (x, y, z, A, B) = 0$ es la integral completa y en esta última hacemos $B = \phi\ (A)$, con ϕ arbitraria, se obtiene una familia de superficies integrales.

Lagrange demostró que toda envolvente de un haz arbitrario de superficies, forma parte de la solución general.

Además cuando la solución completa admite una envolvente, la ecuación de ésta resulta de eliminar las constantes arbitrarias A y B entre las ecuaciones

$$F(x, y, z, A, B) = 0$$

$$\frac{\partial}{\partial A} F(x, y, z, A, B) = 0$$

$$\frac{\partial}{\partial B} F(x, y, z, A, B) = 0$$

La ecuación de la envolvente así obtenida no contiene constantes arbitrarias y es solución de la ecuación diferencial $f(x, y, z, p, q) = 0$, siendo por tanto una solución o integral singular.

Hoy sabemos que la resolución del sistema anterior, puede dar otros lugares geométricos distintos de la envolvente, que también son soluciones singulares de la ecuación inicial, por lo que habría que decir que la envolvente forma parte de la integral singular.

Tuvo que pasar un siglo desde el trabajo de Lagrange sobre soluciones singulares para que Cayley y Darboux ataran los pocos cabos sueltos dejados por Lagrange.

La impresión que su trabajo produjo en los matemáticos de su tiempo, queda perfectamente reflejada en estas palabras de Laplace: "Se trata de una obra maestra del Análisis, por la importancia del tema, por la belleza del método y por la manera elegante en que está presentada".

Otras importantes memorias que conviene mencionar son las que contienen el famoso método de variación de parámetros o variación de constantes en la integración de ecuaciones diferenciales ordinarias de orden superior, elaboradas en 1774 y 1775. Este método resultó ser el más eficaz en el estudio de las perturbaciones del movimiento de los planetas.

Fue Newton el primero en aplicar este método al estudiar las variaciones producidas por el Sol sobre la órbita de la Luna al girar alrededor de la Tierra.

Johann Bernoulli y Euler lo aplicaron para resolver algunos casos aislados de ecuaciones diferenciales ordinarias no homogéneas, como la ecuación $y'' + a_2 y = b(x)$ integrada por Euler. Este matemático también había utilizado el método de variación de las constantes en su estudio sobre las perturbaciones mutuas entre Júpiter y Saturno, elaborado en 1748. También Laplace empleó este método en muchos de sus trabajos de mecánica celeste, pero fue Lagrange quién desarrolló de manera general y completa este método que ahora lleva su nombre.

Antes de desarrollar el método de Lagrange, conviene aclarar que es aplicable a una ecuación lineal de orden n completa, tanto si tiene coeficientes constantes como variables.

Como es sabido, para resolver una ecuación lineal de orden n completa, a la solución general de la ecuación homogénea asociada, hay que sumarle una solución particular de la completa. Para encontrar esta solución particular, elaboró Lagrange el método de variación de las constantes.

El método de variación de las constantes fue aplicado por Lagrange a numerosos problemas de física, y en un artículo publicado en París muchos años más tarde (1808) demostró su aplicabilidad a la resolución de un sistema de tres ecuaciones diferenciales lineales de segundo orden.

Para finalizar la descripción del colosal trabajo realizado por Lagrange en Berlín, haremos mención de algunas memorias que tratan de diversas ramas de las matemáticas.

Cuatro de estas memorias tratan temas de mecánica, datando la primera de ellas de 1773. En este trabajo, Lagrange da una nueva solución al problema del movimiento de rotación de un cuerpo de figura cualquiera, problema que ya había sido resuel-

El método de variación de las constantes

Consideremos la ecuación diferencial ordinaria lineal de orden n completa,

$$y^{(n} + a_{n-1}(x)\, y^{(n-1} + ... + a_1(x)\, y' + a_0(x)\, y = b(x)$$

El método de Lagrange parte de la hipótesis de que la solución particular de la completa es de la misma forma que la solución general de la homogénea asociada. Esta ecuación es:

$$y^{(n} + a_{n-1}(x)\, y^{(n-1} + ... + a_1(x)\, y' + a_0(x)\, y = 0$$

y su integral general es de la forma

$$y(x) = C_1 f_1(x) + C_2 f_2(x) + ... + C_n f_n(x)$$

Suponemos que la solución de la ecuación completa es de la misma forma, pero con coeficientes que dependen de la variable independiente

$$y(x) = C_1(x)\, f_1(x) + C_2(x)\, f_2(x) + ... + C_n(x)\, f_n(x)$$

La cuestión consiste entonces en determinar los valores de las $C_i(x)$, con $i = 1, 2, ..., n$, para lo cual hay que establecer un sistema de n ecuaciones.

Para determinar las $C_i(x)$ contamos con la condición de que $y(x)$ ha de ser solución de la ecuación completa inicial. Se necesitan, por tanto, otras $n-1$ condiciones. Sean estas:

$$\sum_{i=1}^{n} C'_i(x) f_i(x) = 0$$

$$\sum_{i=1}^{n} C'_i(x) f'_i(x) = 0$$

$$\sum_{i=1}^{n} C'_i(x) f''_i(x) = 0 \qquad (1)$$

....

$$\sum_{i=1}^{n} C'_i(x) f_i^{(n-2}(x) = 0$$

Calculando las derivadas sucesivas de y(x) hasta el orden n y sustituyéndolas en la ecuación inicial y teniendo en cuenta además que las $f_i(x)$ son soluciones de la ecuación homogénea asociada, se obtiene la ecuación

$$\sum_{i=1}^{n} C'_i(x) f_i^{(n-1}(x) = b(x)$$

Esta última ecuación, junto con las n-1 ecuaciones del sistema (1), constituyen un sistema lineal de n ecuaciones con n incógnitas, que tiene solución única por ser el determinante wronskiano distinto de cero.

Resolviéndolo, se obtienen las $C'_1(x)$, $C'_2(x)$, .., $C'_n(x)$.

De aquí obtenemos por integración, las funciones $C_1(x)$, $C_2(x)$, .., $C_n(x)$ cada una de ellas con una constante de integración, con lo que se obtiene una solución de la ecuación completa inicial en la forma

$$y(x) = C_1(x) f_1(x) + C_2(x) f_2(x) + ... + C_n(x) f_n(x)$$

to por Euler, por D'Alembert y por él mismo, pero esta vez Lagrange utiliza un método completamente diferente basado en fórmulas algebraicas que resultan de la multiplicación de determinantes.

La segunda memoria, más o menos de la misma época, se titulaba "Sobre la atracción de los esferoides elípticos" y contenía la solución analítica al problema resuelto por Mac Laurin y D'Alembert mediante *"el método geométrico de los Antiguos, llamado vulgarmente, aunque muy impropiamente, método sintético"*, según el propio Lagrange.

Las dos últimas memorias fueron escritas en los años finales de su estancia en Berlín, coincidiendo con los trabajos de la redacción de su obra maestra la *Mecánica analítica*. En la primera de estas memorias, que fue leída en la Academia de Berlín en 1781 y publicada en 1783, Lagrange completa los estudios realizados en Turín sobre el movimiento de fluidos de forma tan convincente que Laplace, tras leer la memoria, le escribe en 1784: *"No se puede añadir nada a la elegancia ni a la generalidad de vuestro análisis"*.

La otra memoria, escrita a punto de salir de Berlín, también completaba los trabajos iniciados en Turín sobre la transmisión del sonido y las ecuaciones de ondas. A esta memoria Lagrange le puso el atractivo título de "Sobre la manera de rectificar dos pasajes de los *Principia* de Newton relativos a la propagación del sonido y al movimiento de las ondas".

Lagrange nunca se sintió muy atraído por la geometría salvo, tal vez, cuando conoció los trabajos de su amigo Monge sobre geometría diferencial. No obstante, en 1775, publicó una memoria verdaderamente notable "Soluciones analíticas de algunos problemas sobre las pirámides triangulares". En este trabajo, Lagrange utiliza conceptos y propiedades que hoy pertenecen al álgebra pura como determinante, cuadrado de un determinante, matriz inversa, producto de determinantes, matriz ortogonal, etc. Conceptos y propiedades que Lagrange había utilizado en su memoria relativa al movimiento de rotación de un sólido de forma arbitraria.

En esta obras aparecen por primera vez fórmulas tan familiares hoy en día como la que da la distancia de un punto (p, q, r) al plano ax + by + cz + d = 0

$$D(P, n) = \frac{|ap + bp + cr + d|}{\sqrt{a^2 + b^2 + c^2}}$$

A principios de los años ochenta, Lagrange comenzó la redacción de la que sería su obra maestra, *Mecánica analítica*, en unas condiciones anímicas muy poco propicias.

En una carta a Laplace, le da cuenta del final de la redacción de esta obra (15 de septiembre de 1782):

"Casi he acabado un Tratado de Mecánica Analítica fundado únicamente en el principio de velocidades virtuales, pero, como ignoro cuando lo podré hacer imprimir, no me doy prisa en darle los últimos toques".

El año anterior había dirigido sendas cartas a Euler y a D'Alembert en las que les comunicaba que se encontraba redactando su *Mecánica analítica* y en las que aparecen frases como

"no sé lo que haré en matemáticas dentro de diez años" o "la mina matemática es ya demasiado profunda y a no ser que se descubran nuevas vetas tendrá que ser abandonada".

Al mismo Laplace le confiesa que trabaja poco y lentamente.

Cuando escribe esto, Lagrange cuenta 45 años y evidentemente está pasando por un estado depresivo motivado, a nuestro entender, por dos circunstancias que le producen una gran desazón; la primera es de orden puramente intelectual, pues es plenamente consciente de que tras cerca de treinta años de trabajo hercúleo, él y los otros grandes matemáticos del XVIII han llevado la matemática a un nivel de desarrollo inimaginable para los matemáticos del siglo anterior, Newton incluido, pero ahora se encuentran agotados intelectualmente para encontrar esas "nuevas vetas" necesarias para continuar el desarrollo de las matemáticas, Esta frustración no lo es tanto para Euler, D'Alembert y Bernoulli, que son, personas de avanzada edad (Clairaut había muerto en 1765), pero si para Lagrange, que aún es un hombre joven.

El hecho de que la *Mecánica analítica* se redacte en estas circunstancias anímicas, puede interpretarse como el testamento de sus aportaciones al edificio diseñado por Newton un siglo antes.

La otra circunstancia negativa que está afectando a Lagrange pertenece a su esfera íntima, pues su esposa se encuentra gravemente enferma.

Desde su llegada a Berlín, enseguida se vio que el clima riguroso de la ciudad no le sentaba bien a Vittoria Conti y esta circunstancia, poco a poco, fue minando su salud.

El tetraedro

Lagrange encontró las coordenadas del centro de gravedad de un tetraedro en función de las longitudes de las seis aristas, los radios de las esferas inscrita, circunscrita y exinscrita y dio dos fórmulas muy conocidas para el área de un triángulo y el volumen de un tetraedro:

$$S=\frac{1}{2!}\begin{vmatrix} x_1 & y_1 & 1 \\ x_2 & y_2 & 1 \\ x_3 & y_3 & 1 \end{vmatrix} \qquad V=\frac{1}{3!}\begin{vmatrix} x_1 & y_1 & z_1 & 1 \\ x_2 & y_2 & z_2 & 1 \\ x_3 & y_2 & z_3 & 1 \\ x_4 & y_4 & z_4 & 1 \end{vmatrix}$$

Ya en 1779, Lagrange escribía a sus padres a Turín dándoles cuenta de la preocupación que la salud de su esposa le producía.

Durante diecisiete años, Vittoria Conti había sido una esposa ejemplar de aquella época: se había encargado del cuidado de la casa y de su marido con notable eficacia, sin otra recompensa social que la asistencia a las fiestas y otros actos públicos de la corte, como acompañante de su genial marido.

Para Lagrange, que al principio no parecía muy entusiasmado con su matrimonio, éste terminó siendo feliz, debido sin duda a las cualidades de su esposa que eran muy superiores a las suyas en el aspecto doméstico. Los consejos del rey de Prusia por un lado y los cuidados de su esposa por otro, habían logrado transformar su forma de trabajo, exagerada y desordenada de la época turinesa, en otra mucho más metódica y ordenada que, además de mejorar notablemente su salud física, incrementó notablemente la eficacia de su trabajo matemático, hasta tal punto que su estancia en Berlín no sólo fue su etapa más prolífica, sino que su producción matemática durante este tiempo debe considerarse entre las más imponentes de la historia de las matemáticas.

A finales de 1782, tras terminar la redacción de la primera edición de la *Mecânica analítica*, obra cumbre de la física matemática del siglo XVIII y una de las obras maestras de la literatura científica de todos los tiempos, Lagrange dejó bruscamente de trabajar y se dedicó en cuerpo y alma, de día y de noche, a cuidar a su esposa en el último año de la vida de ésta y devolver así, sólo en una pequeña parte, los muchos cuidados de ella recibidos.

Triste y desanimado recibió Lagrange al año 1783, sin duda el peor año de su vida. Pronto conocería, por la correspondencia con sus amigos Euler y D'Alembert, la desaparición de Daniel Bernoulli acaecida el 17 de marzo de 1782. Lagrange y Daniel Bernoulli no llegaron a conocerse personalmente, pues en el viaje que Lagrange hizo de París a Turín, se acercó a Ginebra para visitar a Voltaire, pero no a Basilea donde se encontraba Bernoulli, sin que se sepa si hubo alguna razón especial que no correspondiera a los imponderables propios del viaje.

La primera mitad de 1783 la pasó dedicado exclusivamente al cuidado de su esposa, quién fallecía en el mes de agosto dejándole sumido en una gran depresión.

El 18 de septiembre fallece repentinamente Euler, su maestro y amigo, el hombre que mejor supo apreciar su talento y quién había reconocido públicamente sus méritos sin reserva de ningún tipo. Nunca llegaron tampoco a verse. En ese mismo mes de septiembre D'Alembert, que había tenido noticia del fallecimiento de la esposa de Lagrange y sabiendo el deplorable estado anímico en que se encontraba su amigo, le envía una carta de despedida en la que intenta animarle con sus últimos consejos.

Con estas palabras se expresaba un D'Alembert gravemente enfermo:

"En nombre de Dios, no renunciéis al trabajo, la más fuerte de todas las distracciones. Adiós, quizá por última vez. Recordad al hombre que más os ha estimado y honrado en el mundo".

D'Alembert murió el 29 de octubre de ese mismo año.

En menos de tres meses, Lagrange pierde a su mujer y a sus colegas más queridos.

Desde unos quince años atrás, compartía con el gran Euler la cima de la matemática mundial y entre los dos habían construido la parte más importante de las matemáticas del siglo XVIII y habían contribuido más que ningún otro matemático al desarrollo de la obra de Newton.

Ahora, todos los colegas con los que había compartido cerca de treinta años de trabajo científico habían desaparecido y él se

Gaspard Monge

encontraba sólo en la cumbre, como líder de otra generación en la que sobresalían Laplace, Legendre y Monge. De ser el benjamín de una generación ya desaparecida, se había convertido en el decano de la generación siguiente.

Con 47 años, Lagrange era la máxima figura de la matemática europea y, al conocer su desgracia familiar, distintas cortes del continente realizaron gestiones en su entorno con el fin de sacarlo de Berlín. No era la primera vez que esto sucedía; ya en 1774, al saberse que el clima de Berlín no resultaba favorable a la salud de su mujer, la Sociedad de Turín hizo gestiones para lograr su retorno a la ciudad que le vio nacer, pero él había declinado la oferta (esta vez generosa) de *su* sociedad tanto por el magnífico clima científico existente en Berlín como por la gratitud que sentía hacia el rey de Prusia, por quien era respetado y apreciado.

En 1781, estando su esposa seriamente enferma, su antiguo amigo el marqués de Caraccioli, que por entonces era virrey de Sicilia, le propuso para el puesto de director de la sección de filosofía natural de la recién creada Academia de Nápoles. Incluso se le propondría un puesto similar en la corte de Madrid, ya que Caraccioli había servido durante años como alto dignatario diplomático al rey Carlos III. Lagrange había rechazado amablemente todos estos ofrecimientos porque consideraba que las condiciones de trabajo que tenía en Berlín le resultaban prácticamente ideales.

Los tres últimos años de su estancia en Berlín los pasó en un estado melancólico y depresivo que a duras penas lograba paliar con su trabajo. Tal y como le había recomendado su querido amigo D'Alembert, continuó trabajando, aunque sin el entusiasmo con que lo había hecho hasta entonces.

Su trabajo siguió siendo metódico y ordenado, pero más lento. Fundamentalmente dedicó sus esfuerzos a dar sus últimas pinceladas a la *Mecánica analítica*, y a pulir algunos de sus antiguos trabajos, tal y como tenía por costumbre, "hasta quedar relativamente satisfecho", según sus palabras.

El 17 de agosto de 1786, murió su protector Federico *el grande*. Su sobrino y sucesor Federico Guillermo II no contaba, ni por asomo, con el talento ni con el carácter de su tío, el rey filósofo. Su tendencia hacia el misticismo, su nacionalismo antifrancés y su nulo interés por la ciencia hicieron incómoda, casi de inmediato, la presencia en Berlín de sabios extranjeros.

Lagrange se dio cuenta enseguida del cambio en la situación y, por primera vez, se planteó seriamente abandonar Berlín. Conocedores de la nueva situación, los príncipes italianos volvieron a la carga para hacerse con sus servicios, pero el rey de Francia Luis XVI también movió sus peones y, aprovechando que el conde Mirabeau se encontraba en Berlín en misión diplomática, hizo llegar a Lagrange el ofrecimiento del gobierno francés de un puesto en la Academia de París en condiciones muy ventajosas.

No debió dudar mucho Lagrange antes de aceptar la oferta que le hacía Mirabeau. París reunía las mejores condiciones posibles desde el punto de vista científico, allí estaban sus colegas Laplace y Legendre, dos matemáticos de primera fila, y en cierto modo sus discípulos, y además, él se sentía medio francés.

Digamos que, a diferencia de lo ocurrido con otros sabios, Francia y Prusia se portaron muy bien con Lagrange y el estado francés, a pesar de los cambios de régimen que se producieron durante la estancia de Lagrange en París, respetaría escrupulosamente el compromiso escrito firmado por Mirabeau. En cuanto a Prusia, le concedió una importante pensión que Lagrange recibiría puntualmente hasta el año 1792, año del comienzo de las hostilidades entre los dos países como consecuencia del establecimiento de la República Francesa.

Triste y abatido, Lagrange abandonó Berlín el día 18 de mayo de 1787 poniendo fin a los veintiún años más fecundos de su carrera matemática.

4 En medio de la tormenta revolucionaria. El conde Lagrange

Lagrange llegó a París en el mes de julio de 1787 y el 29 de dicho mes se incorporó como pensionado veterano a la Academia de Ciencias. Desde el 22 de mayo de 1772 era ya miembro asociado extranjero de dicha academia.

El hombre que llegaba a la *ciudad de la luz* por tercera vez poco tenía que ver, desde el punto de vista emocional, con aquel joven lleno de ilusión y fuerza creadora que había visitado la ciudad más de veinte años atrás.

De los hombres ilustres que le habían agasajado entonces, solamente Condorcet y el abate Marie seguían vivos.

Tuvo la satisfacción de conocer personalmente a Legendre y a Laplace con los que mantenía frecuente correspondencia desde tiempo atrás, así como a otros hombres de ciencia entre los que cabe destacar Lavoisier, Carnot, Coulomb, Delambre y Monge. Lavoisier y Monge pronto se convirtieron en sus amigos y sustituyeron al desaparecido D'Alembert en el terreno afectivo.

Sin embargo, el Lagrange que acababa de llegar de Berlín era un hombre de 51 años, psíquicamente deprimido e intelectualmente agotado que no podía corresponder al entusiasmo que su presencia despertaba, no sólo entre sus colegas de la academia sino entre lo más distinguido de la alta burguesía y la nobleza, con los monarcas a la cabeza.

Para los académicos, Lagrange era nada más y nada menos que el mejor matemático vivo, único superviviente de la legendaria generación que había construido el colosal edificio cuyos cimientos había sentado Newton; para los restantes miembros selectos de la burguesía y la nobleza, él era el gran sabio admirado y apreciado por Federico *el grande*, y eso era más que suficiente para recibirle con los brazos abiertos.

Lavoisier por el mundo científico y la reina María Antonieta por parte de la realeza fueron los encargados de agasajar a Lagrange desde su llegada a París, invitándole a múltiples fiestas y actos diversos tanto en la corte como en las distintas sociedades culturales que abundaban en París en aquella época.

A instancias de la reina, Lagrange fue instalado en el palacio del Louvre donde dispuso de amplias habitaciones para su uso exclusivo. Era mucho más de lo que necesitaba un hombre tan austero como él.

De Berlín sólo había traído una joya de gran valor, el manuscrito de su *Mecánica analítica* que pensaba poder editar en París.

En los primeros años de su estancia en París, vivió completamente apartado de sus investigaciones matemáticas, hasta tal punto que cuando alguno de sus colegas le informaba que tal o cual matemático estaba trabajando sobre cualquier cuestión que el propio Lagrange había iniciado, solía contestar con total desinterés:

"Mejor, yo lo he iniciado y así no tendré que terminarlo".

Su amigo Lavoisier además de ser un científico de primera fila, no en vano es considerado como el padre de la química moderna, era un hombre que siempre había ocupado altos cargos en la administración del Antiguo Régimen, en la que había llegado a ser *fermier général* (recaudador de impuestos), cargo que le había permitido aumentar la fortuna heredada de su padre.

Cuando le conoció Lagrange, ocupaba además el puesto de inspector general para el control de la fabricación de la pólvora y el salitre.

El gran químico francés, solía celebrar en su casa reuniones de científicos a las que acudía Lagrange como figura central. A pesar de su estado melancólico, Lagrange se mostró siempre amable y cortés con todos los invitados, departiendo con ellos sobre las materias más dispares: química, metafísica, religión, botánica, historia... en las que demostraba no sólo una gran erudición sino una profundidad nada común. Sin embargo, cuando sus colegas Laplace, Legendre y Monge le llevaban al terreno de las matemáticas, Lagrange mostraba escaso interés y en cuanto podía, solía buscar la soledad de la primera ventana que encontraba, donde permanecía largo rato mirando al exterior, ajeno a las conversaciones.

Antoine-Laurent de Lavoisier, detalle del cuadro pintado en 1788 por Jacques-Louis David (Metropolitan Museum of Art, Nueva York). Más información en el libro *Un químico ilustrado. Lavoisier* de Inés Pellón González, NIVOLA, 2002.

Este comportamiento de Lagrange entristecía a sus colegas, que no comprendían cómo el hombre que tanto había enriquecido las matemáticas mostrara ahora tan poco interés por ellas.

La reina María Antonieta se esforzaba en atenuar el estado depresivo en que se encontraba invitándole a sus frecuentes tertulias. Es fácil suponer que a la reina, mujer bastante frívola e insustancial, lo que le resultaba interesante del sabio turinés no era su personalidad científica, que no podía calibrar, sino el hecho de ser un hombre admirado por los otros académicos y sobre todo porque Lagrange había sido contertulio habitual del rey Federico de Prusia, enemigo declarado de la madre de la reina, la emperatriz María Teresa de Austria.

Incluso el poder hablar en alemán con el matemático debía resultar agradable a María Antonieta. En todo caso, el esfuerzo de la reina por aliviar la tristeza de Lagrange parecía sincero.

Poco después de la llegada de Lagrange a París, se iniciaron las gestiones para editar su *Mecánica analítica*, gestiones que llevó a cabo personalmente Joseph-François Marie (1738-1801), antiguo profesor de Legendre, encargándose este último de la pesada tarea de la corrección de las pruebas. No fue fácil convencer a los editores y sólo uno de ellos aceptó, tras firmar el abate Marie que se haría cargo de los costes de los ejemplares que no pudieran venderse.

La obra apareció a principios del año 1788 y Lagrange acogió su publicación con una indiferencia tal que no llegaría a leer el libro hasta dos años después.

Desde su llegada a París y hasta la toma de la Bastilla, el 14 de julio de 1789, fecha a partir de la cual todo se precipita, la vida de Lagrange se desarrolla apaciblemente, dedicándose al estudio de las materias más diversas, aunque de un modo especial a la química, medicina y filosofía. Da la impresión de que, como a Newton en su día, las matemáticas han dejado de interesarle.

Sin embargo, el estallido de la Revolución Francesa y el vértigo de los acontecimientos terminarán, poco a poco, con su apatía.

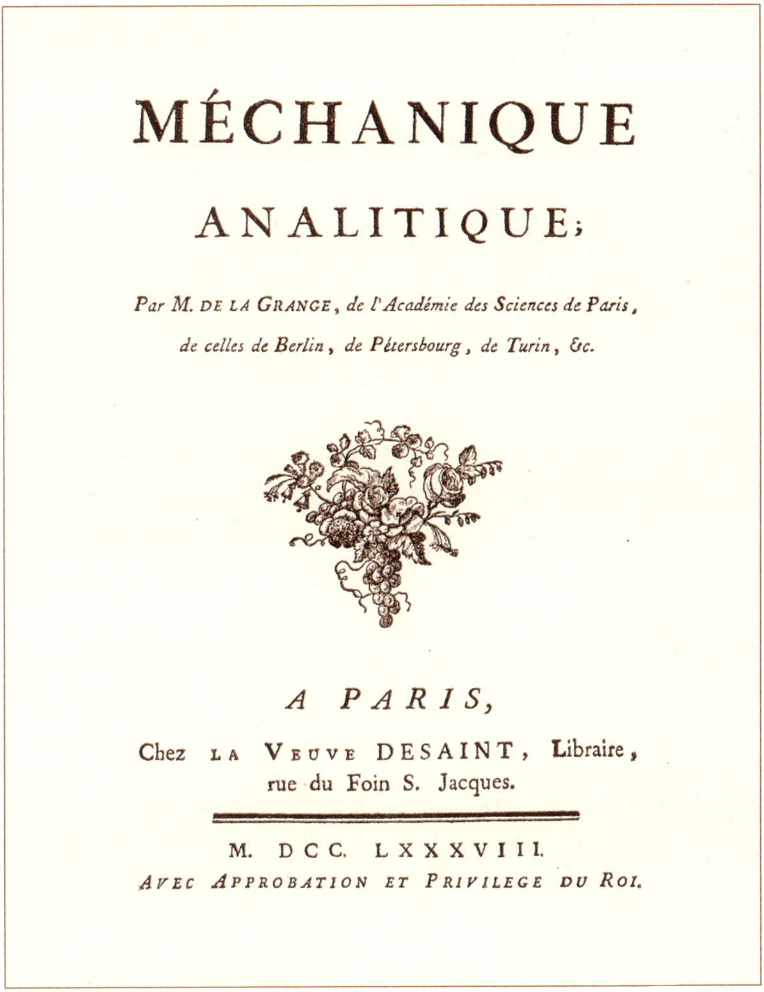
MÉCHANIQUE

ANALITIQUE;

Par M. DE LA GRANGE, de l'Académie des Sciences de Paris, de celles de Berlin, de Pétersbourg, de Turin, &c.

A PARIS,

Chez LA VEUVE DESAINT, Libraire, rue du Foin S. Jacques.

M. DCC. LXXXVIII.

AVEC APPROBATION ET PRIVILEGE DU ROI.

Portada de la primera edición de la *Mecánica analítica* de Lagrange de 1788.

Fue por esas fechas cuando sus colegas de la academia empezaron a darse cuenta de la enorme trascendencia de la obra que se había editado unos meses antes.

Lagrange recibe continuas muestras de reconocimiento por parte de sus sabios amigos, los cuales le expresan su sincera admiración por el libro que se acababa de editar y fue entonces cuando, abrumado por tantos elogios, volvió a dirigir su atención hacia ella.

La *Mecánica analítica*

En el prólogo de la obra, construida de manera estrictamente analítica, Lagrange explica el propósito de la misma y los métodos utilizados para conseguir tal propósito:

> *"Me propongo reducir la teoría de la Mecánica y el arte de resolver los problemas que con ella se relacionan, a fórmulas generales, de las cuales su simple desarrollo dan todas las ecuaciones necesarias para la solución de cada problema... Los métodos que explico no exigen construcciones ni consideraciones geométricas o mecánicas, sino únicamente operaciones algebraicas sometidas a un proceso regular y uniforme. Todos aquellos que amen el Análisis, contemplarán con placer como la Mecánica se convierte en una nueva rama de él y sabrán agradecerme que yo haya extendido el dominio del mismo de esta manera".*

A continuación, Lagrange nos explica que ha dividido su obra en dos partes: la estática ó la teoría del equilibrio y la dinámica o la teoría del movimiento. En cada una de las partes, trata por separado los cuerpos sólidos y los fluidos.

La primera parte, dedicada a la estática, la divide en siete secciones y la parte dedicada a la dinámica la dividió en seis secciones.

Para la construcción de su obra, Lagrange parte del universo físico de Newton, universo que es descriptible desde el punto de vista mecánico mediante datos de las siguientes magnitudes: espacio, tiempo, masa y fuerza. Espacio y tiempo están estrictamente separados entre sí y se consideran absolutos. Ambos se consideran independientes tanto de los objetos que los llenan como de los fenómenos físicos que se producen en su seno. Sólo las masas puntuales y las fuerzas se interaccionan, de manera que los fenómenos naturales se conciben como movimientos de masas puntuales en el espacio y en el tiempo, bajo el dominio de las leyes de la naturaleza.

Al principio de cada una de las partes en que divide la obra, Lagrange hace un resumen erudito de los logros alcanzados por los sabios que le han precedido en la obtención de principios generales válidos en el universo newtoniano, tales como el principio de mínima acción, el teorema del paralelogramo de fuerzas, el principio de D'Alembert o el teorema de las fuerzas vivas, por ejemplo. A Euler debemos el logro de expresar la mayoría de los principios generales conocidos mediante fórmulas matemáticas precisas.

Sin embargo, no se había logrado encontrar un único principio que abarcara todos los casos de la acción de un número arbitrario de fuerzas en un sistema mecánico cualquiera. Lagrange alcanzaría este logro. Ya en la primera sección de la primera parte, Lagrange da una demostración directa del principio de las velocidades virtuales, también llamado principio de los desplazamientos virtuales, que él enuncia así:

> *"Si un sistema cualquiera de tantos cuerpos o puntos materiales como se quiera, sometido cada uno a fuerzas cualesquiera, está en equilibrio, y se le da a este sistema un pequeño movimiento cualquiera, en virtud del cual cada punto recorre un espacio infinitamente pequeño que expresará su velocidad virtual, la suma de las fuerzas multiplicada cada una por el espacio que recorre el punto en el que está aplicada, siguiendo la dirección de esa misma fuerza, será siempre igual a cero, considerando, como positivos los pequeños espacios recorridos en el sentido de las fuerzas, y como negativos los espacios recorridos en sentido opuesto".*

Este principio fue enunciado por primera vez por Johann Bernoulli en 1717.

Actualmente este principio se denomina principio de los trabajos virtuales y su enunciado es: *"Si un sistema material, sometido a ligaduras lisas, está en equilibrio y se le da un desplazamiento compatible con las ligaduras, el trabajo virtual total de las fuerzas activas, tanto interiores como exteriores, es negativo o nulo"*.

En las siguientes secciones, Lagrange coloca la teoría del equilibrio únicamente bajo el imperio del principio de las velocidades virtuales, tanto en sistemas de masas puntuales como en la mecánica de sólidos rígidos. Mediante esta consistente concepción y usando el cálculo de variaciones, Lagrange desarrolla de modo sistemático los resultados de Euler, Bernoulli y D'Alembert y sus propios resultados relativos a la teoría del equilibrio de sólidos y fluidos.

Como se sabe, el principio de D'Alembert afirma que "*en un sistema mecánico las fuerzas internas de inercia son iguales y de sentido contrario a las fuerzas que producen la aceleración*".

En la segunda parte, Lagrange combina el principio de las velocidades virtuales con el principio de D'Alembert y sirviéndose del cálculo variacional y la introducción de las coordenadas generalizadas, consigue encontrar las ecuaciones del movimiento de un sistema arbitrario de partículas, mediante un conjunto de ecuaciones diferenciales ordinarias de segundo orden. La importancia de las ecuaciones del movimiento de Lagrange estriba en que al ser muy generales, su aplicación no tiene por qué restringirse al espacio tridimensional.

En la cuarta sección, correspondiente a la dinámica, aparece formulado matemáticamente por primera vez el teorema de la conservación de la energía mecánica, entendida ésta como la suma de la energía cinética y la energía potencial. Lagrange todavía denomina a este teorema *principio de conservación de las fuerzas vivas*.

En definitiva, en su *Mecánica analítica* Lagrange elabora una ciencia del movimiento liberada de toda especulación cualitativa y fundamentada únicamente en el cálculo. Esta es la razón funda-

laquelle est évidemment intégrable et dont l'intégrale est

$$\frac{\partial T}{\partial\, d\xi}\, d\xi + \frac{\partial T}{\partial\, d\psi}\, d\psi + \ldots - T + V = \text{const.}$$

Maintenant, puisque

$$T = \mathbf{S}\, \frac{1}{2}\, m \left(\frac{dx^2}{dt^2} + \frac{dy^2}{dt^2} + \frac{dz^2}{dt^2} \right),$$

il est évident que, quelques variables qu'on substitue pour x, y, z, la fonction résultante sera nécessairement homogène et de deux dimensions relativement aux différences de ces variables ; donc, par le théorème connu, on aura

$$\frac{\partial T}{\partial\, d\xi}\, d\xi + \frac{\partial T}{\partial\, d\psi}\, d\psi + \ldots = 2T.$$

Donc l'intégrale trouvée sera simplement

$$T + V = \text{const.},$$

laquelle contient le principe de la conservation des forces vives (Sect. III, art. 34).

Si la quantité V n'était pas une fonction algébrique (1), on n'aurait pas

$$\frac{\partial V}{\partial \xi}\, d\xi + \ldots = dV,$$

et si les quantités T, L, M, ... contenaient aussi la variable t, alors

(1) Il faut, pour comprendre ce passage, se rappeler la définition de la fonction V. On a posé (art. 9)

$$d\Pi = P\, dp + Q\, dq + R\, dr + \ldots,$$

puis ensuite

$$V = \mathrm{S} m \Pi.$$

Pour que V soit, suivant l'expression de Lagrange, une fonction algébrique, il faut et il suffit que Π en soit une, c'est-à-dire que

$$P\, dp + Q\, dq + R\, dr + \ldots$$

soit une différentielle exacte ; si cela n'a pas lieu, la fonction Π n'existe plus, et il en est de même de V : fonction algébrique signifie simplement ici fonction, et cette expression ne doit, en aucune façon, être regardée comme opposée à celle de fonction non algébrique.

(*J. Bertrand.*)

Página de la segunda edición de la *Mecánica analítica* con la demostración del teorema de la conservación de la energía.

mental de que esta obra se convirtiera en la piedra angular del enorme desarrollo que iba a experimentar la física matemática en el siglo XIX.

La Revolución

A principios de los años noventa del siglo XVIII, Lagrange se encontraba realmente alarmado por los acontecimientos revolucionarios que se estaban produciendo y que alteraban de mane-

Laplace

De los matemáticos de la Revolución Francesa fue, sin duda, el más oportunista en el ámbito político, ya que desde 1808 fue ministro, senador y canciller con Napoleón (de quien fue profesor en la Escuela Militar), lo que no le impidió aceptar luego el título de marqués otorgado por Luis XVIII.

Ingresó en la Academia de Ciencias muy joven como adjunto de la sección de mecánica, y pasó tres años después a la sección de geometría. En 1783 alcanzaría el grado de asociado y finalmente, en 1785, el de pensionado. Sus aportaciones científicas fueron de muy alto nivel e influyeron profundamente en la física matemática moderna.

Más información en el libro *Laplace. El matemático de los cielos* de Javier Bergasa Liberal en esta misma colección.

ra radical la vida social en Francia, y muy especialmente la vida en París.

Acostumbrado al sosiego y a la tranquilidad que siempre había tenido, los sucesos subversivos que se estaban desarrollando le resultaban ajenos y molestos. El rechazo y la antipatía que sentía Lagrange por lo que estaba sucediendo, contrasta con el entusiasmo con que algunos de sus colegas saludan los cambios políticos y sociales que se están produciendo. Mientras el discreto Legendre contempla los acontecimientos, como máximo, con algún interés, sus colegas Condorcet, Monge y Carnot participan en las peripecias revolucionarias de forma apasionada. El caso de Laplace es un tanto diferente; participa en favor de la Revolución, pero con más cálculo que pasión, como de hecho hizo durante toda su vida.

Dada su situación de extranjero y su condición de hombre prudente, Lagrange se mantiene fiel a la regla de conducta que siguió durante toda su vida y que expresaba así: "*Yo creo que, en general, uno de los primeros principios que debe tener todo hombre prudente es el de conformar su conducta estrictamente a las leyes del país en que vive, incluso cuando éstas no le parecen razonables*".

Algunos historiadores de la ciencia, críticos con la postura de Lagrange ante el fenómeno revolucionario, afirman que el gran matemático no supo comprender lo que estaba sucediendo. Conocedores de la condición de *hombre de bien* de Lagrange, les resulta difícil admitir que consienta con las situaciones de injusticia, algunas lacerantes, que se daban en el Antiguo Régimen y de ahí que prefieran pensar que a Lagrange le faltó lucidez para entender los cambios sociales que se estaban produciendo. Es posible que tengan razón.

Pero también parece posible que su lucidez fuera lo suficientemente grande como para intuir y temer los terribles acontecimientos que se avecinaban y que se llevarían por delante a algunos de sus mejores amigos, como los desdichados Lavoisier y Condorcet, este último, sincero defensor de los cambios sociales que la Revolución demandaba.

Lagrange nunca se comportó como un opositor obstinado a cualquier medida que proviniese de la Asamblea Nacional, bien al contrario, apoyó sin reservas algunas medidas que le parecían razonables. Lo que sí parece fuera de toda duda es su absoluta falta de fe ante los nuevos líderes del pueblo; cada vez que alguno de sus colegas o alguna persona allegada pretendía convencerle de las excelentes cualidades de este o aquel miembro de la Asamblea Nacional, Lagrange siempre manifestaba claramente su escepticismo:

> *"Sí deseáis ver una mente verdaderamente grande, examinad el estudio de Newton cuando descompuso la luz blanca, o cuando levantó el velo del sistema del mundo".*

Curiosamente, a pesar de conocer sus reticencias con respecto a la Revolución, los revolucionarios siempre le trataron bien. Así, cuando la pensión acordada con Mirabeau en Berlín quedó reducida a la mínima expresión por el enorme aumento de la inflación, la Asamblea Nacional nombró a Lagrange presidente de la recién creada Comisión para la Unificación de las Medidas, que suponía de hecho un aumento adicional en su salario de la academia.

Desde su puesto de presidente de la Comisión de Pesos y Medidas, Lagrange fue el principal impulsor del Sistema Métrico Decimal frente a los defensores del sistema de base 12.

Sin embargo, aunque colaboraba eficazmente con sus colegas de comisión, seguía triste y melancólico y su trabajo matemático apenas producía resultados relevantes, pero pronto un feliz acontecimiento cambiaría su ánimo en aquellos agitados principios de los noventa.

Uno de los colegas de Lagrange en la Academia de Ciencias era el astrónomo Pierre-Charles Lemonnier (1715-1799), quien tenía una hija joven que estaba conmovida por la tristeza que embargaba a aquel sabio a quién tanto admiraba su padre.

El día 13 de mayo de 1792, Lagrange contrajó matrimonio con Renée-Françoise Adélaïde Lemonnier (1767-1833) de treinta y un años, joven alegre y cariñosa que fue capaz de contagiar a Lagrange sus ganas de vivir y sacarle así de su abatimiento. El 3 de junio la familia real firmó el contrato de matrimonio "para señalar el consentimiento de la unión". Debió de ser uno de los últimos contratos matrimoniales firmados por los reyes de Francia, ya que dos meses más tarde, el 13 de agosto, la familia real fue encarcelada en el Temple.

Con 56 años, Lagrange se encontraba de nuevo con ganas de trabajar y de vivir al lado de su entusiasta esposa. Sin embargo, cuando alguno de sus amigos le insinúa la posibilidad de tener descendencia, Lagrange responde con escaso entusiasmo:

> *"No he tenido hijos en mi primer matrimonio. No sé si los tendré ahora, pero la verdad, apenas lo deseo".*

Aunque había dejado atrás su depresión no había logrado alcanzar la tranquilidad, ya que los primeros meses de su matrimonio coincidieron con la primera época del Terror.

El 21 de enero de 1793 fue ejecutado Luis XVI y el 17 de octubre, María Antonieta.

Fueron momentos muy duros para Lagrange pues los monarcas se habían portado con él de manera atenta y cariñosa, especialmente la reina, que había hecho todo lo posible para atenuar su abatimiento, propiciando que Lagrange participara en las conversaciones de los dignatarios de la corte y en las múltiples reuniones a las que ella misma solía invitarle. Lagrange era un hombre agradecido y la ejecución de los reyes tuvo que producirle un profundo rechazo.

Sin embargo, muchos de sus colegas apoyaron estos hechos, cuando no participaron activamente en ellos. Monge y Carnot tomaron parte activa en la organización del ejército y la marina de la joven república y Lagrange sentía respeto y afecto por ellos, sobre todo por el honrado y un tanto ingenuo Monge.

Estos sentimientos contrapuestos producían un gran desasosiego en Lagrange, desasosiego sólo soportable por la reciente felicidad alcanzada al lado de su joven esposa.

La Convención Nacional, acosada por las potencias extranjeras que no podían permitir la ejecución de los reyes en vano, entró en una fase de delirio a la busca del enemigo interior. Así el 8 de agosto de 1793 se ordena la supresión de las academias –*"la Revolución no necesita sabios"*– y tres meses más tarde se procede a la depuración de varios miembros de la Comisión de Pesos y Medidas, entre ellos Lavoisier y Laplace, pero curiosamente se mantiene a Lagrange como presidente de la misma.

En septiembre de 1793, el Comité de Bienestar Público ordenó el arresto de todos los extranjeros que hubieran nacido en territorios pertenecientes a naciones enemigas, al tiempo que se procedía a la confiscación de sus bienes.

Ante el cariz que estaban tomando los acontecimientos muchos de los colegas de Lagrange le aconsejaron que regresase a Berlín, ya que temían por su vida. Su prolongada permanencia en la corte prusiana y sus buenas relaciones con los reyes de Francia, le hacen aparecer como un objetivo claro del odio de los más exaltados.

Lagrange se niega a abandonar París, donde acaba de recuperar gran parte del entusiasmo perdido, y volver a Berlín sería vivir de nuevo su primer matrimonio, sus viejas amistades...

Como se mantiene firme en su decisión, sus amigos utilizan sus influencias en favor de Lagrange y el propio Lavoisier interviene directamente ante Lakanal, miembro del Comité de Bienestar Público, para que se haga una excepción con Lagrange. Sorprendentemente las gestiones dan buen resultado y Lagrange mantiene sus bienes y su puesto como presidente del Comité de Pesos y Medidas.

Muy distinta fue la suerte de los desdichados Condorcet y Lavoisier; el primero se suicidó tras ser arrestado el 24 de marzo de 1794, y poco después, el 8 de mayo, Lavoisier sería guillotinado.

La amargura que le produjeron estas muertes absurdas e injustas, la reflejó en una famosa frase referida a la muerte de Lavoisier:

"En un instante su cabeza rodó por el suelo, se necesitarán más de cien años para que aparezca otra cabeza igual".

De la alta estima intelectual que Lagrange tenía por el gran químico, es prueba esta otra frase que el de Turín solía repetir a sus amigos:

"Lavoisier, ha logrado hacer la Química tan fácil como el Álgebra".

En plena época del Terror él mismo no se explicaba por que le mantenían vivo y en su puesto, respetando incluso las cláusulas del contrato que le había traído a París. Puestos a adivinar las causas de ese respeto por parte del Comité de Bienestar Público, es posible que tuvieran que ver, en buena medida, con estas tres consideraciones: Lagrange era, en aquel momento, el matemático más prestigioso de Europa; en segundo lugar, era medio extranjero y por último, si bien no era afecto a la Revolución, carecía de toda ambición política.

En el mes de julio de 1794 se produjo la reacción termidoriana que llevaría a la guillotina a los tres principales dirigentes de la época del Terror: Couthon, Saint-Just y el *incorruptible* Robespierre.

Se promulga una nueva constitución y el poder ejecutivo pasa a manos de un Directorio cuya cabeza visible es el *muy corruptible* Barras. Los nuevos hombres fuertes son, además de Barras, Tallien, Fouché y Talleyrand, que rinden un mayor culto al dinero y a las mujeres que a la guillotina, aunque esta sigue utilizándose sin piedad en la represión de los realistas.

En todo caso, el clima general es de un mayor sosiego y esto redunda en un aumento de la actividad científica. El 30 de octubre de 1794, se crea l'École Normale, destinada a la formación de nuevos cuadros de maestros y profesores con el fin último de lograr una enseñanza lo más uniforme posible. Esta escuela tendría a Lagrange como profesor principal y a Laplace como su adjunto; los dos grandes matemáticos explicaban matemáticas elementales a sus, poco instruidos, pero entusiastas alumnos.

También en 1794, el 11 de marzo, se creó, a instancias de Monge, l'École Centrale des Travaux Publics, que pronto cambiará su nombre por el de École Polytechnique, institución que adquirirá un gran prestigio que perdura hasta el día de hoy. Lagrange se encargará de la cátedra de análisis hasta el año 1799, en el que será sustituido por Sylvestre-François Lacroix (1765-1843).

El 27 de diciembre de 1795, el Directorio crea l'Institut National para sustituir a las academias, que habían sido suprimidas por la Convención, y Lagrange es nombrado presidente de la primera *clase*, que se ocupa de las ciencias físicas y matemáticas.

Como se ve, no puede decirse que las instituciones revolucionarias trataran mal a Lagrange, salvo que se entienda como mal trato nombrarle a uno para diversos cargos que dan dinero y prestigio.

Cuando Lagrange se incorporó a las clases en l'École Normale primero y l'École Polytechnique después, llevaba casi treinta años sin impartir ni una sola clase, pues nunca le había entusiasmado demasiado la docencia. Sin embargo, impartió sus clases de manera disciplinada. De los testimonios de sus alumnos destacamos dos que nos aproximarán a Lagrange como profesor.

El primero es de Fourier, que asistió a sus lecciones en l'École Normale en 1795:

"Su voz es muy débil, por lo menos en esto él no sale favorecido; tiene un marcado acento italiano y pronuncia la s como z... Los

estudiantes, la mayoría de los cuales es incapaz de apreciar su valía, le dieron una tibia bienvenida, pero los profesores están entusiasmados con él".

Por su parte Bugge, que asistió a sus clases en l'École Polytechnique en 1799, dice: "*...todos dicen que este gran hombre merece el más alto grado de consideración, pero es demasiado abstracto para los jóvenes".*

Pero lo más importante es que Lagrange volvió a sus investigaciones matemáticas. Una vez desaparecido el peligro que representaba la potencial amenaza de la guillotina, Lagrange recuperó la tranquilidad de espíritu necesaria para la investigación científica.

En 1795-96 se editan *Las lecciones elementales sobre las matemáticas impartidas en l'École Normale*, que son una recopilación de las notas que Lagrange distribuía a sus alumnos día a día. En estas *Lecciones* aparecen resultados tan interesantes como el llamado método de interpolación de Lagrange, basado en una idea anterior de E. Waring, que se inscribe dentro del área de las matemáticas denominada aproximación de funciones.

Como se sabe, en muchas ocasiones las leyes de la naturaleza se pueden expresar matemáticamente mediante funciones, pero muchas veces no con exactitud absoluta sino de forma aproximada, con distintos grados de precisión. Además, existen muchas funciones que es necesario aproximarlas mediante otras funciones, con una exactitud suficiente para poder calcularlas en la práctica, incluso en funciones definidas mediante reglas matemáticas.

Sin embargo, la cuestión excede en interés al mero cálculo práctico de una función determinada. El problema de determinar una función por medio de otras funciones, es de gran importancia teórica en análisis matemático. En el siglo XVIII se descubrieron importantes clases de funciones que, bajo ciertas condiciones conocidas inicialmente, demostraron ser los medios más adecuados para aproximar a otras funciones más o menos complejas y arbitrarias.

Teoría de las funciones analíticas

En 1797 apareció la primera edición de su tratado *Teoría de las funciones analíticas*, en el que Lagrange desarrolla las ideas que ya había expuesto en una antigua memoria de 1772.

En este tratado pretende establecer los fundamentos del cálculo infinitesimal en los desarrollos en serie de Taylor. En su exposición crítica de los trabajos realizados anteriormente por otros autores sobre los principios del cálculo, Lagrange rechaza el método de fluxiones de Newton, el concepto de límite formulado por D'Alembert y la teoría de los *infinitamente pequeños* de Leibniz y Bernoulli, y trata de superar los problemas que se plantean en los métodos anteriores mediante una concepción original que se basa en el estudio abstracto de una función. Este procedimiento tiene el mérito de introducir el formalismo algebraico en la teoría de funciones.

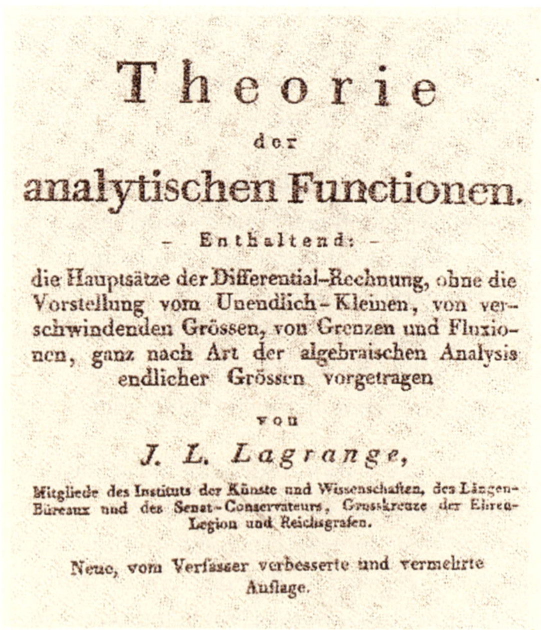
Theorie
der
analytischen Functionen.
– Enthaltend: –
die Hauptsätze der Differential-Rechnung, ohne die Vorstellung vom Unendlich-Kleinen, von verschwindenden Grössen, von Grenzen und Fluxionen, ganz nach Art der algebraischen Analysis endlicher Grössen vorgetragen
von
J. L. Lagrange,
Mitgliede des Instituts der Künste und Wissenschaften, des Längen-Büreaux und des Senat-Conservateurs, Grosskreuze der Ehren-Legion und Reichsgrafen.
Neue, vom Verfasser verbesserte und vermehrte Auflage.

Portada de la edición alemana de la *Teoría de las funciones analíticas*.

En este tratado, aparece también un famoso teorema debido a Lagrange, que se conoce también con el nombre de teorema de los incrementos finitos o teorema del valor medio del cálculo diferencial.

En todo caso, la importancia de la

El polinomio de interpolación de Lagrange

Las funciones aproximadoras de una función fueron fundamentalmente los polinomios algebraicos y los polinomios trigonométricos.

Un polinomio algebraico es una función con una estructura muy sencilla; para calcular su valor numérico para coeficientes conocidos a_k y valores dados de x, es suficiente aplicar las operaciones aritméticas de adición, sustracción y multiplicación. Además, estas funciones no presentan problemas de continuidad ni de derivabilidad.

Uno de estos polinomios algebraicos de aproximación es el polinomio de Taylor (ó fórmula de Taylor); otros polinomios algebraicos de aproximación son los polinomios de interpolación, de gran utilidad en el cálculo aproximado de integrales y en la integración aproximada de ecuaciones diferenciales. Uno de estos polinomios es el polinomio de interpolación de Lagrange.

Sea una función arbitraria $y = f(x)$. El problema general de interpolación consiste en encontrar un polinomio de grado n

$$P(x) = a_0 + a_1 x + a_2 x^2 + \ldots + a_n x^n$$

que coincida con la función dada en $n + 1$ puntos del intervalo $[a_0, a_n]$ *es decir,*

$$P(x_0) = f(x_0), \quad P(x_1) = f(x_1), \quad P(x_2) = f(x_2), \ldots, P(x_n) = f(x_n)$$

Estos puntos en los que se exige que el polinomio aproximador coincida con la función inicial se llaman puntos de interpolación.

>>

Teoría de las funciones analíticas reside en que en este tratado, y por primera vez, el cálculo diferencial e integral es desarrollado de una manera autónoma y completa en sí misma, que serviría en el futuro de modelo para la construcción de otras muchas ramas de las matemáticas.

Además, sirvió de punto de partida a Augustin L. Cauchy (1789-1857) para la superación de los problemas de convergencia y, más tarde, a Karl Weierstrasss (1815-1897) para establecer una

Lagrange demostró que existe un único polinomio aproximador de la función dada, coincidente con ella en los n + l puntos de interpolación, y que se puede expresar de la manera siguiente:

$$P_n(x)=\sum_{k=0}^{n}\frac{(x-x_0)(x-x_1)\ldots(x-x_{k-1})(x-x_{k+1})\ldots(x-x_n)}{(x_k-x_0)(x_k-x_1)\ldots(x_k-x_{k-1})(x_k-x_{k+1})\ldots(x_k-x_n)}f(x_k)$$

La ventaja que presenta el método de interpolación sobre la fórmula de Taylor es que no se requieren condiciones especiales de derivación para la función a aproximar en el intervalo total de aproximación $[x_0, x_n]$.

En cada caso particular, si se quiere que el error al aproximar la función inicial mediante el polinomio de Lagrange se ajuste a determinadas exigencias, será necesario elegir el número y la distribución de los puntos de interpolación de manera adecuada.

En el caso de que f(x) admita derivada continua, hasta el orden n + ℓ incluido, en el intervalo $[x_0, x_n]$, *y los puntos de interpolación sean* $x_0 < x_1 < x_2 < \ldots < x_n$, *entonces para cualquier valor de x intermedio, la desviación entre la función f(x) y el polinomio de Lagrange viene dada por*

$$f(x)-Pn(x)=\frac{(x-x_0)(x-x_1)\ldots(x-x_n)}{n!}f^{n+1)}(c)$$

siendo c un punto del intervalo (x_0, x_n).

nueva base sobre la que fundamentar el análisis, la teoría de las funciones analíticas, es decir, aquellas funciones que son representables en forma de serie.

El propio Lagrange completó el tratado citado con una nueva obra publicada en 1801 en el *Journal de l'École Polytechnique* bajo el título de "Lecciones sobre el cálculo de funciones". Lagrange no introdujo en ella ninguna idea nueva sobre las cuestiones centrales de la convergencia y las funciones susceptibles de ser

Lagrange demostró además que si la derivada $f^{n+1)}(x)$ está acotada en el intervalo $[x_0, x_n]$ es decir, $|f^{n+1)}(x)| \leq M$, entonces el error de interpolación para cualquier valor de x de ese intervalo está acotado de la siguiente manera

$$|f(x) - P_n(x)| \leq \frac{|x - x_0| \ldots |x - x_n|}{n!} M$$

Lagrange ideó un método de aproximación de la raíz de una ecuación f(x) = 0 por interpolación. Admitiendo que f(x) se anule una vez en el intervalo , el método consiste en sustituir el arco de curva que representa a f entre los puntos A(a, f(a)) y B(b, f(b)) por la cuerda AB. Esta cuerda corta al eje OX en un punto c que viene dado por

$$c = \frac{a \cdot f(b) - b \cdot f(a)}{f(b) - f(a)}$$

Se repite la operación en el intervalo $[a,c]$ o en el intervalo $[c,b]$, según que $f(a)f(c) < 0$ o que $f(a)f(c) > 0$.

$$Si\ |f'(x)| > m > 0\ y\ |f''(x)| < M$$

en $[a,b]$ entonces la precisión de la aproximación es tal que viene dada por:

$$|x - c| < |f(a)|\ |b - a| \frac{M}{m^2}$$

Si se repite el método varias veces, se puede aproximar la raíz con la precisión que se quiera.

desarrollables en serie, sólo se limitó a mejorar algunas cuestiones formales y a añadir un estudio sobre ecuaciones diferenciales ordinarias y en derivadas parciales, así como otro estudio sobre problemas relativos a geometría diferencial.

El período napoleónico

En 1796 el Directorio puso al frente del ejercito de Italia al joven general Bonaparte, que en poco más de un año, y tras una

El resto de Lagrange

Lagrange parte del hecho de que toda función f(x) puede expresarse en serie de potencias de la forma

$$F(x+h) = f x) + ph + qh^2 + rh^3 + \ldots$$

donde los coeficientes p, q, r,... son nuevas funciones dependientes de x pero que no dependen de h.

La función $f(x+h)$ debe ser la $f(x)$ inicial para $h = 0$; para ello Lagrange considera la diferencia $f(x+h) - f(x)$ de la forma $f(x+h) - f(x) = hP$, donde P es una función de x y de h.

Después descompone la función P en suma de una parte principal $Q = qh$ y un resto p. Entonces resulta $f(x+h) - f(x) = ph + qh^2$, Lagrange considera despreciable el término qh^2 frente a ph y expresa el valor de p, que él escribe $f'(x)$, de la forma:

$$p = f'(x) = \frac{f(x+h) - f(x)}{h}$$

Reiterando el procedimiento, Lagrange calcula de una manera puramente formal los coeficientes q, r,...

$$q = \frac{1}{2!} f''(x), \qquad r = \frac{1}{3!} f''(x)$$

impresionante campaña cuajada de brillantes victorias, se apoderó del Norte de Italia, antes en poder de los austriacos.

Cuando el Piamonte, patria chica de Lagrange, cayó en manos francesas, estos ya consideraban a Lagrange como a uno de los suyos. Talleyrand, flamante ministro de Asuntos Exteriores, recibió el encargo de visitar en Turín al anciano padre de Lagrange, al que, entre otras cosas, dijo: *"Vuestro hijo, de quien el Piamonte tiene el orgullo de ser la cuna y Francia de poseer, ha hecho honor a toda la humanidad por su genio".*

de donde se deduce que

$$f(x+h) = f(x) + hf'(x) + \frac{h^2}{2!}f''(x) + \frac{h^3}{3!}f'''(x) + \ldots + R_n$$

El término derivada y la notación $f'(x)$, $f''(x)$, $f'''(x)$,... son obra de Lagrange.

Sin embargo, la construcción de Lagrange tiene dos lagunas importantes. En primer lugar, no toda función es desarrollable en serie de Taylor y, por otra parte, Lagrange no plantea la cuestión de la convergencia de la serie. Estos defectos serían señalados primeramente por J. M. H. Wronski (1778-1853) en 1812.

A pesar de ello, Lagrange logra expresar mediante una fórmula compacta el valor de los términos, que él desprecia a partir de un cierto orden, fórmula que se conoce con el nombre de resto de Lagrange de la serie de Taylor

$$R_n = \frac{h^{n+1}}{(n+1)!} f^{n+1)}(x + \theta h) \text{ con } 0 < \theta < 1$$

Lagrange dice expresamente que no debe tomarse un número finito de términos de la serie de Taylor sin tener en cuenta este resto y consideró que era suficiente tomar el número de términos necesarios para que el resto o término complementario fuera pequeño.

El Directorio trató a Lagrange con el respeto y la consideración debidos, manteniéndole, al frente de la clase de ciencias físicas y matemáticas de l'Institut National y como catedrático de análisis de l'École Poytechnique.

Del orgullo que sentían los franceses de esa época por tener a Lagrange entre ellos, vale como muestra una conocida frase de un editor afín al Directorio, quién en el año 1796 se manifestaba así: "*Ellos* [se refiere a los alemanes y a los rusos] *han tenido a Euler, nosotros tenemos a Lagrange y a Laplace".*

Teorema del valor medio

"Si f es una función continua en el intervalo cerrado [a,b] y derivable en el abierto (a,b), entonces existe al menos un punto c del intervalo abierto, c ε (a,b), para el cual $f'(c) = \dfrac{f(b) - f(a)}{b - a}$

En términos geométricos, el teorema afirma que si A (a, f(a)) y B (b, f (b)) son los puntos extremos del arco de la gráfica de f correspondiente al intervalo [a,b] *de su dominio, entonces existe al menos un punto intermedio c de ese intervalo tal que la recta tangente en el punto de abscisa c, es paralela a la secante que pasa por A y B.*

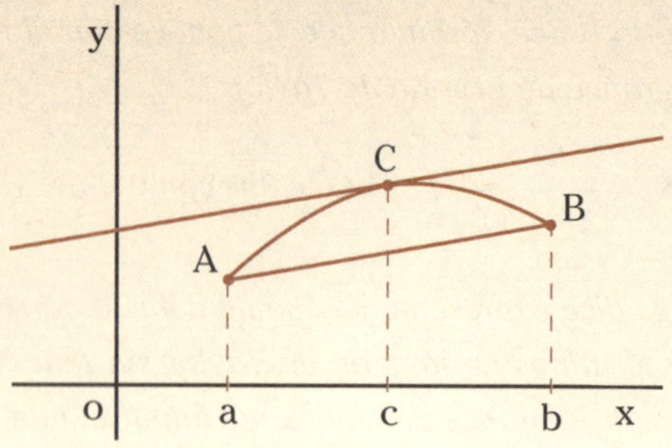

El día 9 de noviembre de 1799 (18 brumario) se produjó un golpe de estado contra el Directorio que llevó al poder al general Napoleón Bonaparte. Se inicia así, un nuevo régimen de poder personal que bajo la forma de Consulado primero –de 1799 a 1804– y de Imperio después –de 1804 a 1815– abarcaría el resto de la vida de Lagrange.

Cuando llega al poder Napoleón, Lagrange tiene 63 años, y para él ese acontecimiento va a significar una verdadera bendición en los últimos años de su vida. Es posible que Lagrange tuviera algún conocimiento previo de lo que se estaba fraguando en los días inmediatamente anteriores al 18 de brumario, ya que algunos de sus colegas como Laplace, Monge o Carnot, los dos últimos en cargos muy relevantes, participaban activamente en política, pero lo que es seguro es que Lagrange se mantuvo al margen de los acontecimientos.

Sin embargo, el nuevo dueño de los destinos de Francia, y en gran medida de Europa, honraría a Lagrange y a sus colegas científicos como ningún otro dirigente político había hecho antes y tampoco después.

La postura de los científicos con respecto al 18 brumario fue en general favorable, aunque con matices. Monge y Fourier fueron bonapartistas de principio a fin, Laplace lo fue mientras le interesó, Carnot apoyó a Napoleón sin dejar de criticar muchas de sus acciones. Lagrange y Legendre se mantuvieron en un discreto segundo plano.

Aunque los conocimientos matemáticos de Napoleón no pasaron de ser los elementales adquiridos en los *Manuales* de Euler para las escuelas de artillería, profesaba verdadera devoción por la matemáticas y los matemáticos. Conocía desde que era joven a Laplace, como examinador en la Escuela de Artillería, y a Monge, al que debía favores desde los turbulentos tiempos revolucionarios, cuando Monge era ministro de Marina y Napoleón un oficial caído en desgracia. Nunca olvidaría esos favores y profesaría a Monge una sincera amistad toda su vida.

Fourier, que era más o menos de la misma edad que Napoleón, también contó con su amistad, él y Monge le acompañarían en la expedición a Egipto.

Dos de estos grandes matemáticos citados llegaron a desempeñar cargos en sus gobiernos: Laplace fue ministro del interior durante el Consulado, si bien sólo durante unas pocas semanas, ya que carecía de dotes para los asuntos de la administración del estado relacionados con la policía. Cuando Napoleón lo reemplazó por Luciano Bonaparte, comentó irónicamente que "*M. Laplace pretende aplicar la teoría de los infinitamente pequeños a los asuntos del Estado*". Por su parte el jacobino Carnot sería ministro de la guerra durante el Consulado y ministro del interior durante el Imperio de los Cien Días.

Estos nombramientos, y los honores que luego señalaremos, parecen apoyar, más allá de la retórica, el sincero respeto de Napoleón por las matemáticas expresado en su célebre frase: "*El progreso y el perfeccionamiento de las matemáticas están íntimamente ligados a la prosperidad del Estado*".

Con respecto a Lagrange, Napoleón siempre mantuvo una relación no sólo respetuosa, sino incluso afectuosa. La admiración que los restantes miembros de l'Institut National manifestaban públicamente por Lagrange no podía pasar desapercibida para un hombre tan perspicaz como Napoleón. Siempre que sus campañas militares se lo permitían, invitaba a Lagrange a todas las recepciones oficiales, a las que éste acudía acompañado de su esposa, y buscaba con frecuencia su conversación pausada y reflexiva, su enorme erudición y sus grandes logros matemáticos; además su experiencia vital cerca de Federico II *el grande* primero y de Luis XVI y Maria Antonieta después, resultaban de sumo interés para el primer cónsul y después emperador de los franceses. Napoleón, siempre presto a la composición de frases para la historia, dijo de él: "*Lagrange es la excelsa pirámide de las ciencias matemáticas*".

Además, es fácil suponer que un mismo idioma materno y una infancia italiana común, ayudara mucho en el acercamiento entre los dos hombres, a pesar de la diferencia manifiesta de edad y carácter.

En más de una ocasión se les vio a los dos sonreír irónicamente a costa de su común amigo Monge. En las reuniones en que éste estaba presente, Napoleón para complacerle solía orde-

Fourier

Cuentan que con 14 años Fourier ya había leído libros de álgebra y geometría avanzados y que a esa edad obtuvo una matrícula de honor en el examen de matemáticas.

Monge se dará rápidamente cuenta de sus cualidades y lo nombrará asistente en la recién creada École Polytechnique. En 1817 ingresará en la Academia de Ciencias, y en 1822 será elegido secretario perpetuo de la misma. A pesar de encontrarse enfermo, trabajará incansablemente hasta el final de su vida, el 17 de mayo de 1830.

Para resolver la ecuación en derivadas parciales, Fourier utilizó el desarrollo de una función en serie trigonométrica. Este desarrollo, conocido hoy como serie de Fourier, recibió duras críticas e incluso Lagrange impidió su publicación.

nar a la orquesta que tocara *La marsellesa* y allí estaba el bueno, el honrado y un poco ingenuo Monge cantando a pleno pulmón el himno del batallón de los marselleses con el mismo ardor republicano de su juventud, para regocijo del cínico Bonaparte y del escéptico Lagrange.

Ese año de la llegada de Napoleón al poder, 1799, el Comité de Pesos y Medidas presidido por Lagrange finaliza la construcción del sistema métrico decimal, dejándolo tal y como lo conocemos hoy en día.

El trabajo de Lagrange en el Institut National consistía fundamentalmente en presidir la comisión encargada de examinar las memorias presentadas por otros matemáticos para aprobar o no su publicación.

Sus relaciones personales con sus colegas eran cordiales, en gran parte gracias a su sencillez y a su gran tacto para el trato personal.

En concreto, mantuvo una buena relación profesional con su viejo conocido Laplace y con Legendre, pero con el que tuvo una relación de verdadera amistad fue con Monge. Monge y Lagrange no se parecían ni como matemáticos ni como personas; el primero era un geómetra en el que predominaba su talento intuitivo, apasionado con la política, y con una gran confianza en el hombre y en la mejora de las instituciones sociales. A pesar de la abismal diferencia entre la forma de ser de uno y otro, Lagrange apreciaba mucho a Monge, al que reconocía su bondad natural y su honradez.

Como matemático también lo tenía en gran consideración y desde que se conocieron Lagrange prestaba atención preferente a las conferencias de Monge. Después de una de ellas se apresuró a felicitarle diciéndole:

"Mi querido colega, gracias por hacerme ver que yo también sé Geometría. Usted ha mostrado hoy aquí muchas cosas importantes y

bellas; a mí me hubiera gustado haberlas encontrado yo mismo", y dirigiéndose a Laplace, le dijo: "Aplicando el Análisis a la Geometría, este demonio de hombre se hará inmortal".

Poco a poco la actividad científica de Lagrange se fue reduciendo y en la última década de su vida se limitó a preparar la segunda edición de la *Mecánica analítica* y a presentar la reedición, que verá la luz en 1808, de su *Tratado sobre resolución de las ecuaciones numéricas de cualquier grado*, cuya primera edición había aparecido en 1798 y comprendía las memorias de Lagrange sobre este tema publicadas entre 1769 y 1770. La obra comienza, como es costumbre en Lagrange, con una rigurosa introducción histórica en la que el autor rinde homenaje a los matemáticos que hicieron grandes aportaciones al tema, desde Del Ferro y Tartaglia hasta Gauss, pasando por Bachet de Méziriac, Euler y Vandermonde.

En el año 1808, el emperador Napoleón I concedió a Lagrange el título de conde del imperio, título que recibieron también Monge, Laplace y Carnot, entre otros altos dignatarios. Otros matemáticos como Fourier (barón) y Legendre (caballero) recibieron honores menores.

En 1811 todavía pudo ver la aparición del primer volumen de la segunda edición de la *Mecánica analítica*, no así la del segundo volumen, que se editaría en 1816.

Con más de setenta años, la actividad científica de Lagrange fue desapareciendo al tiempo que aumentaba la dependencia de su mujer, que además de ser mucho más joven era una mujer animosa y vitalista. Gracias a ella Lagrange continuaría haciendo una vida social normal.

Tuvo la fortuna, como sus ilustres antecesores Newton y Euler, de poder disfrutar en los últimos años de su vida de la gloria alcanzada, debido en parte, a que su fin llegó cuando todavía no se había esfumado el sueño bonapartista.

También tuvo la suerte, como matemático, de poder comprobar que las negras previsiones hechas por Euler, D'Alembert y él mismo, treinta años atrás, sobre el futuro desarrollo de las matemáticas eran erróneas, ya que dos jóvenes genios, Gauss y Cauchy, habían tomado ya el relevo con la fuerza y la seguridad suficientes como para que el futuro de las matemáticas no peligrara en absoluto.

Con Gauss, Lagrange llegó a mantener una breve correspondencia en la que reconoció sin ambages, el talento del joven alemán. En una carta que le envió el 31 de mayo de 1804, tras conocer las *Disquisitiones* de Gauss, le dice:

"Vuestras Disquisitiones os han elevado de golpe al primer rango de los matemáticos, y yo pienso que la última sección contiene el más bello descubrimiento analítico que se haya hecho en mucho tiempo... [se refiere Lagrange, a la teoría general de las funciones circulares y su aplicación a la construcción de polígonos regulares de n lados]

Creed, señor, que nadie aplaude vuestro éxito más sinceramente que yo".

A Cauchy lo conoció personalmente, ya que su padre era secretario del Senado y solicitó los consejos de Lagrange acerca de la formación de su hijo, quién se pasaba horas y horas estudiando en el despacho de su padre. Lagrange aconsejó al joven Cauchy que adquiriera una sólida formación humanista y literaria antes de dedicarse a las matemáticas, cosa que hizo. En cierta ocasión, estando Lagrange y Laplace en la secretaría del Senado, vieron en un rincón estudiando al pálido y enfermizo Cauchy y el primero comentó al segundo:

"Veis a este joven, muy pronto nos reemplazará a todos como matemático".

El día 3 de abril de 1813, pocos días antes de su muerte, recibió Lagrange, al mismo tiempo que Monge, un nuevo honor de manos del emperador de los franceses: la gran cruz de la Orden Imperial de la Reunión.

Pocos días después enfermó gravemente. Sus colegas, con Monge a la cabeza, acudieron a visitarle y lo encontraron un tanto recuperado dentro de la gravedad, lo que hizo posible la que sería la última conversación entre ellos. Aunque tenía algunas lagunas de memoria, pudo darles cuenta del estado de ánimo que tenía en aquellos momentos.:

"Ayer estuve muy enfermo y creí que iba a morir; mi cuerpo se debilita poco a poco y mis facultades físicas e intelectuales se extinguen insensiblemente. Llego al fin sin pena y sin lamentos. No temo a la muerte y cuando esta llega sin dolor es como una última función que no es desagradable.

Deseo morir y encuentro placer en ello, pero mi mujer no quiere; en estos momentos preferiría una mujer menos buena, menos ávida de revivir mi vigor, que me dejara terminar suavemente. Mi carrera ha terminado. He obtenido alguna celebridad en Matemáticas. No he odiado a nadie, ni he hecho ningún mal y es hora de terminar aunque mi mujer no quiere..."

Poco después de concluir la visita de sus amigos, Lagrange sufrió un desvanecimiento del que no se recuperaría. Murió dos días después, el día 10 de abril de 1813 a las diez menos cuarto de la mañana. Tenía 77 años.

Tres días más tarde sus restos mortales fueron enterrados en el Panteón dedicado "aux Grands Hommes", donde reposan.

El conde Lagrange al final de su vida.

El Panteón de París
(fotografía cortesía de I. Miranda).

Dos de sus ilustres colegas se encargaron de pronunciar el elogio fúnebre: Lacépède en nombre del Institut National y Laplace en nombre del Senado. Del discurso de este último, destacamos unas palabras que determinan con gran precisión la talla de Lagrange como matemático:

"Entre aquellos que de un modo más activo han extendido las fronteras de nuestra ciencia, Newton y Lagrange poseían en su grado más elevado ese venturoso arte de descubrir los principios universales, aquellos que constituyen la verdadera esencia de la Ciencia. Este arte, unido a una singular elegancia en el desarrollo de las teorías abstractas, es característico de Lagrange".

En diversas universidades de los reinos italianos se celebraron ceremonias de homenaje a *su* matemático. Sin embargo, en el reino de Prusia no tuvo lugar ninguna ceremonia oficial en su memoria debido a que su fallecimiento coincidió con la formación de una gran coalición contra Francia, en la que Prusia participaba, que desembocaría en la célebre batalla de Leipzig o batalla de las Naciones.

El legado de Lagrange

Los dos matemáticos del siglo XVIII que más influyeron en los matemáticos del siglo siguiente fueron, sin ninguna duda, Euler y Lagrange.

Muchos autores sugieren la conveniencia del estudio simultáneo de las obras de ambos matemáticos. La razón de esta sugerencia está sustentada en el hecho de que muchos de los trabajos de ambos trataban de la resolución de los mismos problemas, la correspondencia entre ambos fue extensa y permanente, y muchos de los logros del más joven, Lagrange, fueron obtenidos a partir de ideas o resultados anteriores de su maestro Euler.

Sin embargo, sus estilos son bien diferentes; y no nos referimos a lo puramente formal, mezcla de estilo geométrico y analítico-diferencial en Euler y exclusivamente analítico-diferencial en Lagrange, sino a la forma misma de concebir el trabajo matemático.

Euler escribió muchísimo, más que ningún otro matemático en toda la historia y rara vez repasaba sus escritos, en cambio Lagrange retocaba una y otra vez sus trabajos hasta quedar satisfecho de la claridad y elegancia de los mismos.

El propio Lagrange lo dejó escrito:

> *"Como no he trabajado apresuradamente y lo he hecho más por placer que por deber, soy como los grandes señores que construyen: hago, deshago y rehago, hasta que quedo suficientemente satisfecho con mis resultados, lo que sucede rara vez".*

Aquí radica, en buena medida, la causa de la perfección de su obra.

>>

Si hubiera que establecer una comparación con dos grandes músicos de la época, y admitiendo de entrada el abuso de tal comparación, se podría decir que Euler escribía como Mozart y Lagrange como Beethoven.

En su tiempo, la originalidad del pensamiento de Lagrange, reflejada en su obra y reconocida por sus colegas, consistió en la búsqueda de los resultados más profundos y más generales y su expresión de la forma más clara y elegante. Este es el sello de Lagrange que serviría de pauta a los mejores matemáticos del siglo XIX.

En Lagrange, como en ningún otro matemático del XVIII, se encuentra el antecedente inmediato del rigor de Gauss, que sería determinante en la construcción de la matemática de los siglos XIX y XX.

El hecho de que Lagrange cultivara casi todas las ramas de la física y de las matemáticas de su tiempo, que fuese el creador de algunas, y alcanzara en ellas la máxima altura, explica el porqué tantos y tan importantes matemáticos y físicos matemáticos del XIX se consideraran sus discípulos.

En teoría de números, Lagrange tiene el mérito, que comparte con Euler, de haber revitalizado esta rama de las matemáticas que se encontraba bastante aletargada. Su impulso fue aprovechado por Legendre, Gauss, Dirichlet y Poincaré, entre otros matemáticos del siglo XIX, quienes, con Ramanujan, Hilbert y Weil lograron dar a la teoría de números el esplendor que hoy tiene.

En álgebra, y dentro del campo de la resolución de ecuaciones, Lagrange realizó el trabajo más importante de todos los efectuados en el XVIII sobre este tema. Sus memorias, recopiladas en un tratado publicado en 1808, fueron de consulta obliga-

da para todos los estudiosos de los problemas relativos a las ecuaciones numéricas. Entre los continuadores inmediatos de la obra algebraica de Lagrange están Ruffini, Gauss, Abel y Galois.

Fue en los dominios del análisis donde Lagrange se reveló como un maestro insuperable. Sus logros en teoría de funciones, ecuaciones diferenciales, ordinarias y en derivadas parciales; el método de los multiplicadores y la construcción genuinamente analítica del cálculo de variaciones como una nueva rama del análisis, serían suficientes méritos para considerar a Lagrange como uno de los grandes analistas de todos los tiempos.

Muchos creen que las teorías matemáticas no suelen ser útiles a la hora de resolver problemas que resultan apremiantes al común de los mortales. Sin embargo, esto no es así.

Aunque los aspectos técnicos del cálculo de variaciones no están al alcance de la gente corriente, por ejemplo, gran parte de los cambios que se producen en el diseño de automóviles, aviones, etc., tienen mucho que ver con dicho cálculo, ya que las mejoras aerodinámicas buscan conseguir que la resistencia del aire sea mínima.

Otra aplicación inmediata del cálculo de variaciones se encuentra en la teoría matemática de la economía. De manera general, se puede afirmar que en los procesos de producción se elige el modo de producción que tenga un coste mínimo, entre todos los modos posibles que den idénticos resultados, o bien se opta por el modo que prometa una ganancia máxima, entre todos los de igual coste.

Lagrange fue el primero en intentar fundamentar el cálculo diferencial e integral sobre bases sólidas, sin necesidad de referencia alguna a las nociones de infinitamente pequeño, límite e independiente de los conceptos básicos del movimiento. Para

>>

ello, intentó definir toda función mediante su desarrollo en serie de Taylor, subrayando la importancia del resto de la serie y calculando las derivadas sucesivas, f '(x), f "(x),..., mediante operaciones puramente algebraicas.

Ya se han señalado las deficiencias que tal construcción presentaba, pero el camino trazado por Lagrange ejerció una gran influencia en el desarrollo de la teoría de funciones de una variable y propició la fundamentación definitiva del cálculo, lograda por los analistas del XIX, con Gauss, Cauchy y Weierstrass a la cabeza.

Cuando el gran analista que era Lagrange, se adentra en los terrenos pertenecientes al universo newtoniano, sus logros adquieren un brillo especial. Aplicando el cálculo de variaciones y combinando los principios físicos de D'Alembert y de las velocidades virtuales, logró establecer la práctica totalidad de los problemas de estática y de dinámica por medio de ecuaciones diferenciales, colocando así a la mecánica en los dominios del análisis.

La demostración del principio de la conservación de la energía y la generalidad de sus ecuaciones del movimiento, cuya aplicabilidad no se restringe al espacio de tres dimensiones, son sólo dos resultados concretos de un método general verdaderamente genial.

Por eso, se ha llegado a decir que la Mecánica analítica *de Lagrange es a la mecánica, lo que la ley de gravitación universal es a la mecánica celeste.*

También en mecánica celeste y en la astronomía alcanzó Lagrange una altura extraordinaria. Los estudios sobre las libraciones de la Luna respecto a su posición media, la órbita de Júpiter y los movimientos de sus cuatro lunas entonces conoci-

das, el tránsito de Venus por delante del disco solar y, sobre todo, su trabajo sobre el problema de los tres cuerpos y su método de variación de las constantes en el cálculo de las perturbaciones en los movimientos de los astros hacen de Lagrange un maestro indiscutible de la mecánica celeste.

En estos campos, en los que desarrollan su actividad los astrónomos y los físicos matemáticos de hoy, Lagrange es una figura central.

No se contentó con sistematizar y aclarar el legado recibido de Newton, sino que lo enriqueció con amplios y profundos conocimientos transmitidos a sus discípulos mediante su elegante estilo analítico-diferencial.

Además de Poisson, su discípulo y gran admirador, pueden considerarse deudores del genial autor de la Mecánica analítica *los más grandes físicos matemáticos del siglo XIX, como Hamilton, Fourier, Jacobi y Poincaré, entre otros. Es más, los lla-*

Una calle de París (distrito 5°) recuerda a Lagrange (fotografía cortesía de I. Miranda).

>>

mados paréntesis de Lagrange, los paréntesis de Poisson y las ecuaciones del movimiento de Lagrange, Hamilton y Jacobi constituyen el puente de enlace entre la mecánica clásica y los dos grandes pilares de la física del siglo XX, la mecánica relativista y la mecánica cuántica

Se conocen las opiniones personales de algunos grandes matemáticos del siglo XIX acerca de Lagrange, que no nos resistimos a dar, tanto por la categoría de los opinantes, como por el hecho de que expresan el juicio general que sobre él se tenía en el siglo XIX.

Cuando el profesor de matemáticas del Liceo Louis-le-Grand de París, descubridor y protector de Galois y de Hermite, comunicó al padre de este último las excelentes cualidades matemáticas de su hijo, lo hizo con esta frase: "Charles, es un joven Lagrange".

El padre del análisis armónico, J. Fourier, se expresaba así recordando a Lagrange:

"Lagrange no sólo fue un gran matemático, fue también un gran filósofo. Durante toda su vida mostró, dentro de la moderación de sus deseos, su inconmovible unión a los intereses generales de la Humanidad, con la noble simplicidad de sus maneras y la elevación de su carácter, y finalmente con la exactitud y profundidad de sus obras científicas".

Dos de los hombres que más alabaron la Mecánica analítica *fueron Hamilton y Jacobi. Hamilton se refirió a la citada obra y a su autor con estas palabras: "Un poema científico escrito por el Shakespeare de las matemáticas".*

El elogio cobra mayor relevancia si se tiene en cuenta que Hamilton era uno de los mayores especialistas en el teatro del genial autor inglés.

Por su parte Jacobi, en una reunión celebrada en Manchester en 1842 por la Asociación Británica de Matemáticas, se dirigió a la asamblea para alabar la destreza matemática de Hamilton utilizando al maestro de ambos, Lagrange, como referencia: "Hamilton es el Lagrange de vuestro país".

El más grande matemático del XIX, y probablemente de todos los tiempos, C. F. Gauss, opinaba que Euler y Lagrange, a los que calificaba de clarissimus, *eran superiores a todos los demás matemáticos, con las únicas excepciones de Arquímedes y Newton a los que Gauss consideraba* summus.

Además del legado científico de primerísimo orden, producto de sus excepcionales cualidades intelectuales, Lagrange nos legó también el ejemplo de su ética superior, evidenciada en su comportamiento amable, humilde, sincero y honrado, que no procuraba urgente recompensa.

Poco dispuesto a comulgar con ruedas de molino, tanto en materia religiosa como en materia política, este rasgo de su carácter ha sido interpretado por algunos biógrafos como síntoma de la existencia de un punto de cinismo en su personalidad. Más parece, sin embargo, que como dice Fourier, "sus deseos están en inconmovible unión con los intereses generales de la Humanidad" aunque tales intereses, pensaba Lagrange, rara vez coinciden con los de los líderes políticos o religiosos.

Bibliografía

ALEKSANDROV, A. D.; KOLMOGOROV, A. N.; LAURENTIEV, M. A. y otros; *La matemática: su contenido, métodos y significado* (Alianza Editorial. Madrid, 1974).

BOYER, CARL B.; *Historia de las matemáticas.* (Alianza Universidad Textos, 1996).

COLLETTE, JEAN-PAUL; *Historia de las matemáticas* (Siglo XXI, 1985).

GALINDO, A.; MORENO, A.; BENEDÍ, A.; VARELA, P. *Física 2º de Bachillerato* (McGraw-Hill, 1998).

ITARD, JEAN. *Essais d'Histoire des Mathématiques* (Bibliothéque Scientifique A. Blanchard, 1984).

KLINE, MORRIS. *El pensamiento matemático, de la Antigüedad a nuestros días* (Alianza Universidad, 1992).

REY PASTOR, J.; PI CALLEJA, P.; TREJO, C. A. *Análisis matemático* (Ed. Kapelusz, 1957).

VIDAL ABASCAL, E. *Introducción a la geometría diferencial* (Editorial Dossat, 1956).

WUSSING, H.; ARNOLD, W. *Biografías de grandes matemáticos* (Prensas Universitarias de Zaragoza, 1989).

Este libro se terminó de imprimir en mayo de 2003
en LAVEL Industria Gráfica, S. A.
y la edición estuvo al cuidado de José Talhami y
Jesús Arilla Casado .

Aventuras de un matemático

ISBN 84-95599-43-0

P.V.P. 23,90 €

Memorias de aprendizaje

ISBN 84-95599-47-3

P.V.P. 19,90 €

nivola
LIBROS
EDICIONES

Cortar por la línea de puntos y enviar. NO NECESITA FRANQUEO

Estimada lectora, estimado lector:
Si deseas recibir información de nuestra novedades editoriales, rellena y envía, por favor, esta tarjeta que no necesita franqueo. Si lo prefieres, también puedes hacernos llegar tus datos por correo electrónico a la dirección **nivola@nivola.com** o llamando al teléfono **91 804 58 17**.

Nombre ------------------------ Apellidos ------------------------

Dirección --

Población --

Código postal ------------------ Provincia ------------------------

Correo electrónico --

He adquirido el libro en la librería ------------------------------

Temas de interés: **Matemáticas** ☐ **Economía** ☐

Sociología ☐ **Clásicos de la ciencia** ☐ **Divulgación científica** ☐

Historia de la ciencia ☐ **Física** ☐ **Biología** ☐ **Mujeres y ciencia** ☐

M - 14

Respuesta Comercial
Autorización nº 17.517
B.O.C. nº 29 de 21-7-1999

No necesita sello.
A franquear en destino

nivola
LIBROS
EDICIONES

APARTADO nº 2 F.D.
28760 TRES CANTOS
(MADRID)

nivola
LIBROS
EDICIONES